BESONDERE LEISTUNGSFESTSTELLUNG 2015

Mathematik 10. Klasse

Gymnasium

Thüringen

2010–2014

STARK

ISBN 978-3-8490-1006-5

11. neu bearbeitete und ergänzte Auflage
www.stark-verlag.de

Inhalt

Jeweils im Herbst erscheinen die neuen Ausgaben
der besonderen Leistungsfeststellung mit Lösungen.

Autor der Lösungen: Udo Eckert

Vorwort

Liebe Schülerinnen und Schüler,

dieses Buch hilft Ihnen dabei, sich selbstständig auf Ihre bevorstehende **besondere Leistungsfeststellung im Fach Mathematik** vorzubereiten.

Im Schuljahr 2014/15 wird es eine **neue Struktur** der besonderen Leistungsfeststellung geben. Im ersten Teil „**Hinweise und Tipps zur besonderen Leistungsfeststellung**" erhalten Sie alle nötigen Informationen hierzu sowie zum Ablauf, zu den Schwerpunktthemen und zur Bewertung der besonderen Leistungsfeststellung. Außerdem finden Sie hier wertvolle Hilfestellungen zur Aufgabenbewältigung bei der Vorbereitung auf und während der besonderen Leistungsfeststellung. Auf den Seiten VII bis XI finden Sie auch einige Hinweise zum Umgang mit einem CAS.

Der zweite Teil des Buches beinhaltet die **offiziellen Orientierungsaufgaben zur BLF ab 2015** sowie die **Original-Aufgaben der besonderen Leistungsfeststellung der Jahre 2010 bis 2014**. Zu allen Aufgaben finden Sie **vollständige und ausführlich kommentierte Lösungen**. Mit Ihnen können Sie eigenständig kontrollieren, ob Sie die Aufgaben richtig gelöst haben. Sie helfen Ihnen dabei, die einzelnen Rechenschritte genau nachzuvollziehen. Zusätzlich zu den handschriftlichen Lösungen finden Sie in der Ausarbeitung der Prüfungen 2011 bis 2014 auch Lösungshinweise mit einem CAS vor.

Sollten Sie einmal nicht weiterkommen, helfen Ihnen die **Tipps und Hinweise zur Lösung** auf den richtigen Weg. Wenn Sie mit einer Aufgabe nicht zurechtkommen, schauen Sie deshalb nicht gleich in die Lösungen, sondern nutzen Sie schrittweise diese Tipps, um selbst die Lösung zu finden.

Sollten nach Erscheinen dieses Bandes noch wichtige Änderungen in der besonderen Leistungsfeststellung 2015 vom Thüringer Ministerium für Bildung, Wissenschaft und Kultur bekannt gegeben werden, finden Sie aktuelle Informationen dazu im Internet unter www.stark-verlag.de/pruefung-aktuell.

Für die Arbeit mit diesem Buch und natürlich für die besondere Leistungsfeststellung wünsche ich Ihnen viel Erfolg!

Udo Eckert

Hinweise und Tipps zur besonderen Leistungsfeststellung

Ablauf der besonderen Leistungsfeststellung

Die besondere Leistungsfeststellung

Seit dem Schuljahr 2003/2004 nehmen an den Gymnasien in Thüringen alle Schülerinnen und Schüler der Klassenstufe 10 an der besonderen Leistungsfeststellung teil (mit Ausnahme derjenigen Schülerinnen und Schüler, die bereits einen Realschulabschluss besitzen).
Die Leistungsfeststellung findet in den Fächern Deutsch, Mathematik, erste Fremdsprache sowie nach Wahl des Schülers in einem der Fächer Physik, Chemie oder Biologie statt. In den Fächern Deutsch, Mathematik sowie in Physik, Chemie bzw. Biologie erfolgt sie schriftlich. Die Leistungsfeststellung in der ersten Fremdsprache wird mündlich abgelegt, in der ersten Fremdsprache Latein jedoch schriftlich.
Zusätzlich kann in diesen Fächern nach Bekanntgabe der Noten auf Verlangen des Schülers eine mündliche Leistungsfeststellung durchgeführt werden.
Mit der erfolgreichen Teilnahme an der besonderen Leistungsfeststellung **und** dem Erfüllen der Versetzungsbestimmungen wird dem Schüler am Gymnasium eine dem Realschulabschluss gleichwertige Schulbildung bescheinigt. Der Schüler wird in die Klassenstufe 11 versetzt und tritt damit in die Qualifikationsphase der Thüringer Oberstufe über.

Die besondere Leistungsfeststellung findet im zweiten Schulhalbjahr der Klassenstufe 10 statt. Für das Schuljahr 2014/2015 liegen die schriftlichen Leistungsfeststellungen im Zeitraum vom 26. 5. bis 1. 7. 2015 und die mündliche Leistungsfeststellung in der ersten Fremdsprache im Zeitraum vom 3. 6. bis 12. 6. 2015. Die zusätzlichen mündlichen Leistungsfeststellungen finden in der Zeit vom 22. 6. bis 1. 7. 2015 statt (den genauen Termin legt der Schulleiter fest).
Die besondere Leistungsfeststellung im Fach Mathematik findet am 28. 5. 2015 in einem Zeitrahmen von 180 Minuten statt.

Der Schüler hat erfolgreich an der besonderen Leistungsfeststellung teilgenommen, wenn er die Bestimmungen zur Versetzung nach der Thüringer Schulordnung erfüllt hat. Das bedeutet im Einzelnen für die besondere Leistungsfeststellung:

- Er hat in allen vier Fächern der besonderen Leistungsfeststellung mindestens die Note 4 (ausreichend) erhalten **oder**
- in höchstens einem Fach die Note 5 (mangelhaft) bekommen und in den anderen drei Fächern nicht schlechter als mit der Note 4 (ausreichend) abgeschlossen **oder**
- in höchstens zwei Fächern die Note 5 (mangelhaft) erhalten, kann diese beiden Noten aber ausgleichen und hat im Übrigen nicht schlechter als mit der Note 4 (ausreichend) abgeschlossen **oder**
- in höchstens einem Fach die Note 6 (ungenügend) erhalten, kann diese aber ausgleichen und hat in den übrigen Fächern nicht schlechter als mit der Note 4 (ausreichend) abgeschlossen.

Ein Ausgleich für die besondere Leistungsfeststellung ist

- für je eine Note 5 (mangelhaft) durch zwei Noten 3 (befriedigend) **oder** eine Note 2 (gut) **oder** durch eine Note 1 (sehr gut),
- für eine Note 6 (ungenügend) durch zwei Noten 2 (gut) **oder** durch eine Note 1 (sehr gut)

gegeben.

Erreicht ein Schüler in der schriftlichen Leistungsfeststellung nicht sofort diese Ergebnisse, so ist ein Bestehen nur über die zusätzliche mündliche Leistungsfeststellung in diesen Fächern möglich.
Findet damit auf Wunsch des Schülers in den Fächern der besonderen Leistungsfeststellung eine mündliche Leistungsfeststellung statt, gehen das Ergebnis der schriftlichen und das Ergebnis der mündlichen Leistungsfeststellung im Verhältnis 2 : 1 in die Gesamtnote der besonderen Leistungsfeststellung in diesem Fach ein. Die nach den mündlichen Leistungsfeststellungen erreichten Gesamtnoten müssen dann die Kriterien der Versetzungsbestimmungen erfüllen.
Bei der Ermittlung der Note für das Schuljahr werden in den Fächern der besonderen Leistungsfeststellung das Ergebnis der gesamten im laufenden Schuljahr erbrachten Leistungen (Jahresfortgangsnote) und das Ergebnis der Leistungsfeststellung gleich gewichtet.
In den Fächern außerhalb der besonderen Leistungsfeststellung gelten die Jahresfortgangsnoten als Noten für das Zeugnis. In den Fächern der besonderen Leistungsfeststellung werden im zweiten Schulhalbjahr der Klassenstufe 10 keine Klassenarbeiten geschrieben.

Aufbau der besonderen Leistungsfeststellung

Ab dem Schuljahr 2014/15 erhält die besondere Leistungsfeststellung eine **neue Struktur**. Die BLF enthält zwei Teile, einen hilfsmittelfreien Teil (Pflichtaufgabe 1) und einen Teil (Pflichtaufgabe 2, Wahlaufgabe 1 oder 2), bei dem Taschenrechner und Computeralgebrasysteme sowie Formelsammlungen und Tafelwerke verwendet werden dürfen.

Inhalte und Schwerpunktthemen

Der wesentliche Inhalt der besonderen Leistungsfeststellung im Fach Mathematik ist der Unterrichtsstoff der Klassenstufe 9/10.
Die Schwerpunkte aus der Klassenstufe 9/10 sind folgende:

1. Arithmetik/Algebra – mit Zahlen, Variablen und Symbolen umgehen

- Potenz-, Wurzel- und Logarithmenschreibweise
- Potenzgesetze
- Lösungsverfahren und Lösungsmenge von linearen Gleichungssystemen mit zwei Gleichungen und zwei Variablen
- Lösbarkeit und Lösungsvielfalt von quadratischen Gleichungen
- Exponentialgleichungen, Bruchgleichungen
- Gradmaß und Bogenmaß von Winkelgrößen

2. Funktionen – Beziehungen/Veränderungen erkunden, beschreiben und darstellen

- quadratische Funktionen
- Einfluss von Parametern auf die Scheitelpunktform der quadratischen Funktion $y = a \cdot (x - d)^2 + c$
- aus Punkten des Funktionsgraphen die Gleichung einer quadratischen Funktion ermitteln
- Potenzfunktionen $f(x) = x^n$ mit ganzzahligen sowie rationalen Exponenten
- Exponentialfunktionen $f(x) = a^x$, $a \in \mathbb{Q}^+$
- Sinusfunktion $f(x) = \sin(x)$ und Kosinusfunktion $f(x) = \cos(x)$
- den Zusammenhang der Graphen der Funktionen $a \cdot f(x - d) + c$ mit dem Graphen der Funktion f(x) sowie den Einfluss des Parameters b auf die Eigenschaften der Sinusfunktion $f(x) = \sin(bx)$ beschreiben
- aus Darstellungen von Funktionen auf einen möglichen Funktionstyp schließen und eine Funktionsgleichung ermitteln
- exponentielles Wachstum und Zerfall

3. Geometrie – ebene und räumliche Strukturen nach Maß und Form erfassen

- zentrische Streckung und Strahlensätze
- Definition von Sinus, Kosinus und Tangens im rechtwinkligen Dreieck
- Sinus- und Kosinussatz
- Flächeninhaltsformel $A = \frac{1}{2} \cdot a \cdot b \cdot \sin(\gamma)$ für beliebige Dreiecke
- Oberflächeninhalt und Volumen von zusammengesetzten Körpern

4. Stochastik – mit Daten und Zufall arbeiten

- ein- und mehrstufige Zufallsexperimente
- mit Baumdiagrammen und Vierfeldertafeln Wahrscheinlichkeiten bestimmen
- Verknüpfungen von Ereignissen und deren Wahrscheinlichkeiten
- stochastische Unabhängigkeit
- Erwartungswert und Standardabweichung

Leistungsanforderungen und Bewertung

Für die Pflichtaufgabe 1 werden 10 Punkte und für die Pflichtaufgabe 2 sowie die Wahlaufgabe je 15 Punkte vergeben, sodass die Gesamtpunktzahl für die besondere Leistungsfeststellung 40 Punkte beträgt.
Die Festlegung der Noten für die besondere Leistungsfeststellung Mathematik richtet sich nach folgender Tabelle:

Note 1	sehr gut	36 – 40 Punkte
Note 2	gut	29 – 35 Punkte
Note 3	befriedigend	22 – 28 Punkte
Note 4	ausreichend	15 – 21 Punkte
Note 5	mangelhaft	8 – 14 Punkte
Note 6	ungenügend	0 – 7 Punkte

Methodische Hinweise und allgemeine Tipps zur schriftlichen besonderen Leistungsfeststellung

Vorbereitung

Der Mathematikunterricht im 2. Halbjahr der 10. Klasse wird nicht so angelegt sein, dass Sie langfristig und intensiv auf die besondere Leistungsfeststellung vorbereitet werden. Sie arbeiten kontinuierlich am Unterrichtsstoff nach dem vorgegebenen Lehrplan, der es Ihnen ermöglicht, die besondere Leistungsfeststellung abzulegen. Tägliche Übungen und Wiederholungen im Unterricht werden natürlich zum Erfolg beitragen.

Daher ist es wichtig, dass Sie möglichst selbstständig und frühzeitig mit der Vorbereitung auf die besondere Leistungsfeststellung beginnen.

- Beginnen Sie bereits nach den Winterferien, sich mit den Themengebieten der Aufgaben der besonderen Leistungsfeststellung, deren Inhalt und Umfang auseinanderzusetzen.
- Suchen Sie sich in Ihren Aufzeichnungen aus dem Unterricht den entsprechenden Stoff heraus. Einige Aufgaben werden Ihnen noch unbekannt vorkommen, der Mathematikunterricht in den nächsten Wochen wird zur Lösung beitragen.
- Planen Sie Ihren Lernablauf: Wie viel Zeit brauche ich für welches Themengebiet? Wiederholen Sie kurz die Inhalte, die Ihnen schon geläufig sind und erarbeiten Sie dann ausführlich die Themen, die Ihnen bislang unklar sind.

Versuchen Sie nun, die Aufgaben der besonderen Leistungsfeststellung der letzten Schuljahre und die Aufgabe zur Orientierung auf die BLF 2015 vollständig selbstständig zu lösen.

- Zu allen komplexeren Aufgaben finden Sie hilfreiche Tipps und Hinweise, die Ihnen den Lösungsweg Schritt für Schritt zeigen. Wenn Sie mit der Lösung einer Aufgabe nicht mehr weiterkommen, lesen Sie den ersten Lösungstipp. Wenn Ihnen diese Hilfestellung noch nicht genügt, lesen Sie den zweiten Tipp usw.
- Beachten Sie, dass die Lösungsdarstellung in der besonderen Leistungsfeststellung stets vollständig nachvollziehbar sein muss. Auch das wird bewertet! Üben Sie daher schon jetzt, ausführliche und übersichtliche Lösungen zu schreiben.
- Vergleichen Sie zum Schluss Ihre Lösungen mit den Musterlösungen und suchen Sie ggf. nach Rechenfehlern oder Verbesserungsmöglichkeiten Ihrer Ansätze.
- In den Musterlösungen finden Sie zusätzlich Kommentare und Hilfestellungen, die durch Rauten besonders gekennzeichnet sind, um Ihnen den Lösungsweg zu verdeutlichen.

Bearbeitung der Aufgaben der besonderen Leistungsfeststellung

Versetzen Sie sich bereits in die Lage der Prüfungssituation.
Sie haben 180 Minuten Zeit, um die von Ihnen zu bearbeitenden Aufgaben zu lösen.
Bedenken Sie jetzt schon, dass Sie am Prüfungstag bereits beim ersten Durchlesen der Aufgaben entscheiden sollen, welche der Wahlaufgaben Sie bearbeiten werden. Machen Sie sich in der Vorbereitung unbedingt mit deren Struktur vertraut, suchen Sie nach bekannten und Ihnen geläufigen Aufgaben.

Das Lösen dieser Aufgaben ist für Sie an sich selbstverständlich nichts Neues. Auch in der besonderen Leistungsfeststellung werden Ihnen keine völlig neuen Aufgaben begegnen, auf die Sie im Mathematikunterricht der letzten Jahre nicht vorbereitet wurden. Sie können also prinzipiell all die „Strategien" anwenden, die Sie bisher auch bei all Ihren Klassenarbeiten verfolgt haben.
Wegen der Vielfalt der Aufgabenarten und der Tatsache, dass die Aufgaben der besonderen Leistungsfeststellung nicht von Ihrem Fachlehrer gestellt werden, stellt die besondere Leistungsfeststellung dennoch eine Herausforderung dar. Hinzu kommt, dass Ihnen mit 180 Minuten Arbeitszeit nur ein begrenzter zeitlicher Rahmen für die Bearbeitung zur Verfügung steht, sicherlich werden Sie auch etwas aufgeregt sein.

Daher können Ihnen einige Tipps helfen, diese Situation erfolgreich zu meistern:

- Beginnen Sie mit der Lösung der Pflichtaufgabe 1. Beachten Sie, dass Sie das Tafelwerk und den CAS-Rechner dafür **nicht** benutzen dürfen.
- Lesen Sie alle Aufgaben sehr aufmerksam, unter Umständen auch mehrmals, durch, bis Sie deren Inhalt verstanden haben. Finden Sie dabei die **gegebenen und die gesuchten Größen** heraus und suchen Sie nach **Hinweisen für einen Lösungsansatz.**
- Fertigen Sie sich, insbesondere bei den Aufgaben zur Trigonometrie, eine **aussagekräftige Skizze** an, dabei können Sie natürlich die Vorlagen aus den Aufgabenstellungen benutzen. Tragen Sie die gegebenen Größen in die Skizze ein, unter Umständen hilft es Ihnen, diese auch farbig hervorzuheben. Markieren Sie ebenfalls die gesuchten Größen!
- Suchen Sie dann nach Ihnen bekannten Zusammenhängen, Regeln, Sätzen oder Formeln aus dem Teilgebiet dieser Aufgabe. Dabei hilft Ihnen unter Umständen auch die **Formelsammlung.**
- Bevor Sie mit ersten Berechnungen beginnen, überlegen Sie sich besser erst einmal einen **Lösungsplan.** Dieser soll die Schrittfolge enthalten, wie Sie die gesuchte Größe berechnen können.
- Bei der Lösung der Aufgaben achten Sie auf eine **mathematisch korrekte Form**. Arbeiten Sie übersichtlich und notieren Sie die Zwischenschritte, die nötig sind, um Ergebnisse zu erhalten. Kurze inhaltliche Bemerkungen sind dabei oft notwendig.
- Vergessen Sie nicht, Ihr **Endergebnis** hervorzuheben und schreiben Sie einen Antwortsatz. Nutzen Sie auch schon bei den Zwischenrechnungen geeignete **Formen der Kontrolle**, bei der Lösung von Gleichungen führen Sie eine **Probe** durch. Überprüfen Sie zum Schluss Ihr Ergebnis, ob es **sinnvoll** ist und dem Sachverhalt entspricht.
- Achten Sie dabei auch auf die **Einheiten**.

Hinweise zum Lösen mit dem CAS

Seit dem Schuljahr 2011/12 setzen Sie im Unterricht verbindlich einen CAS-Taschencomputer ein. Damit Sie die damit verbundenen Vorteile auch effektiv in der Besonderen Leistungsfeststellung nutzen können, sind hier einige Hinweise für das Lösen von Aufgaben mit solchen Rechnern aufgelistet. Diese Hinweise beziehen sich auf das Rechnermodell TI-Nspire, gelten in ähnlicher Weise aber auch für alle anderen CAS, die untereinander gleichwertig sind.

1. Zur Sicherstellung gleicher äußerer Bedingungen wird verlangt, dass bei der Prüfung verwendete Taschencomputer **vor dem Beginn der besonderen Leistungsfeststellung** durch **Löschen** aller zusätzlichen Dateien oder Funktionen/Programme in einen für alle Prüflinge einheitlichen Ausgangszustand zurückgesetzt werden. Der Taschencomputer darf also keine zusätzlichen Dateien oder Funktionen/Programme enthalten. Dies sollten Sie bereits am Vortag der Prüfung zu Hause vornehmen. So können Sie wichtige Dateien von Ihrem Taschencomputer auf einen PC übertragen und abspeichern, um sie später wieder zur Verfügung zu haben. Bei der Gelegenheit sollten Sie auch den technischen Zustand Ihres Taschencomputers überprüfen, eventuell neue Batterien (Ersatzbatterien für den Prüfungstag bereithalten) einsetzen oder die Akkus aufladen.

2. Empfehlenswert ist es, jede größere Aufgabe mit dem im Bildschirmausdruck angezeigten Befehl (⌂) **1: Neues** zu beginnen. Dadurch werden alle bisherigen Eingaben gelöscht und es kann nicht zu Missverständnissen mit bereits im Vorfeld definierten Funktionen oder Variablen kommen. Ebenso ist es möglich, für die Besondere Leistungsfeststellung einen eigenen Ordner mit (⌂) **2: Eigene Dateien** (menu) **1: Neuer Ordner** anzulegen und jede der Aufgaben als eigene Datei in diesem Ordner abzuspeichern. Dies hat den Vorteil, dass Sie die einmal gespeicherten Funktionen auch zu einem späteren Zeitpunkt zur Verfügung haben. Das Speichern von Dateien funktioniert mit (ctrl) (⌂) **1: Datei 4: Speichern**.

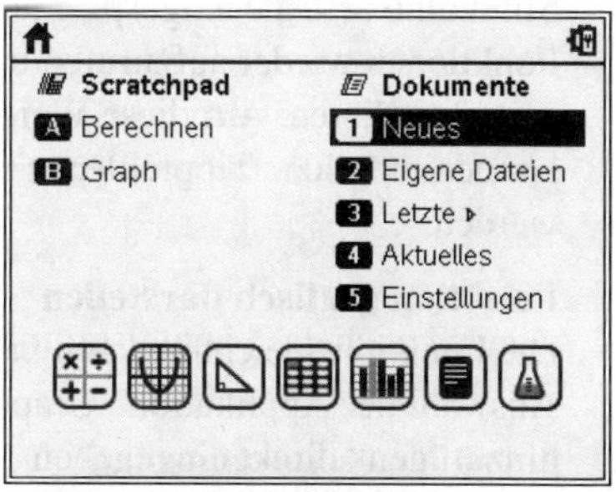

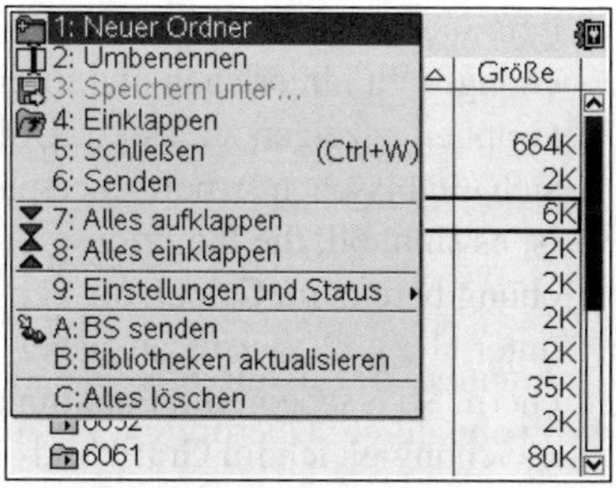

Bei der Erstellung eines neuen Dokuments gibt es mehrere Auswahlmöglichkeiten. In der Besonderen Leistungsfeststellung werden vor allem die Applikationen **1: Calculator hinzufügen** und **2: Graphs hinzufügen** benötigt. Wenn Sie eine der Applikationen ausgewählt haben, öffnet sich das zugehörige Fenster. Falls Sie noch eine weitere Applikation nutzen möchten, verwenden Sie die Tasten ctrl home **4: Einfügen**.

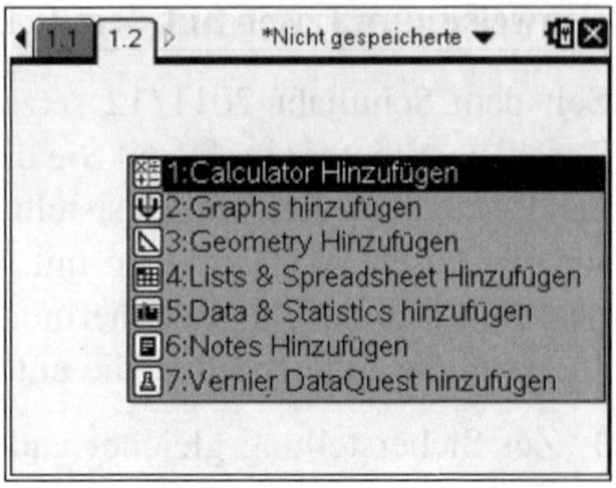

3. **Funktion definieren**
   Meistens ist es hilfreich, Funktionsgleichungen direkt abzuspeichern.

   Beispiel:
   $f1(x) := -2{,}3x^2 + 15x + 18{,}5$
   oder alternativ
   $-2{,}3x^2 + 15x + 18{,}5$ ctrl sto→var $f1(x)$
   Sinnvoll ist es, die eingespeicherten Funktionen wieder aufzurufen und zu kontrollieren. Auf diese Weise können mögliche Tippfehler erkannt werden.

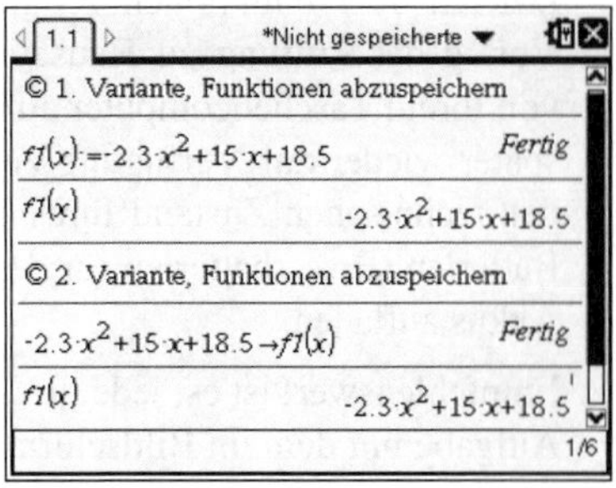

Funktion grafisch darstellen
Die Funktionsgleichung kann nach Auswahl der Applikation „Graphs hinzufügen" direkt eingegeben werden. Natürlich ist es möglich, dort auch weitere Funktionsgleichungen zu hinterlegen und ihren Graphen anzeigen zu lassen. Um sich ein bisschen Arbeit zu ersparen, ist es sinnvoll, die Funktionsgleichung bereits im Calculator-Fenster unter f1(x), f2(x) usw. abzuspeichern. So erscheint die Funktionsgleichung gleich im Grafikbildschirm, ohne sie erneut mühsam eingeben zu müssen.

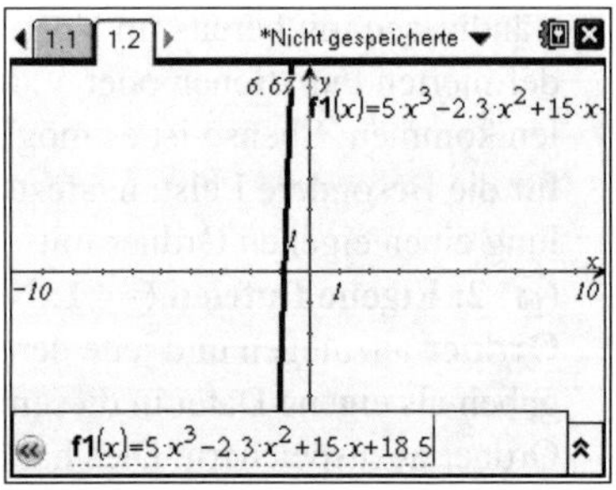

Einstellen des Grafikfensters
Oft sieht man kaum etwas von der Funktion. Das liegt an den Achsenskalen, die verändert werden können. Die Angaben für die Einstellung der Skalen entnimmt man der Aufgabe oder der Wertetabelle. Die Einstellungen des Fensters können unter (menu) **4: Fenster, 1: Fenstereinstellungen** vorgenommen werden.

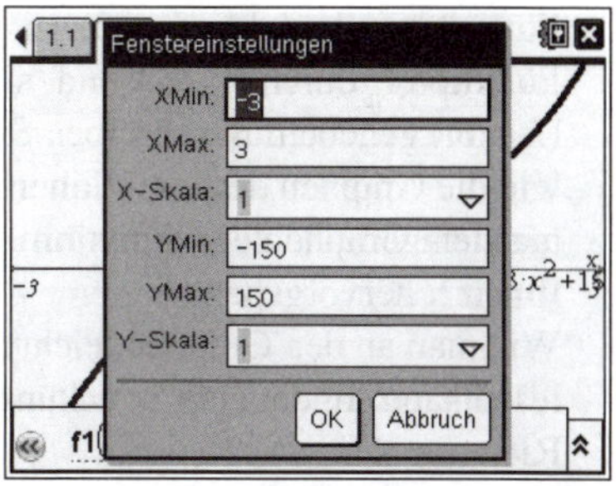

Wertetabelle erstellen
Auch Wertetabellen helfen, einen Überblick über die Funktionswerte zu bekommen. Aufzurufen sind diese mit (menu) **2: Ansicht, 9: Tabelle einblenden** oder mit dem Shortcut (ctrl)(T).
Unter (menu) **5: Wertetabelle, 5: Funktionseinstellungen bearbeiten** können Tabellenanfang und Schrittweite eingestellt werden.

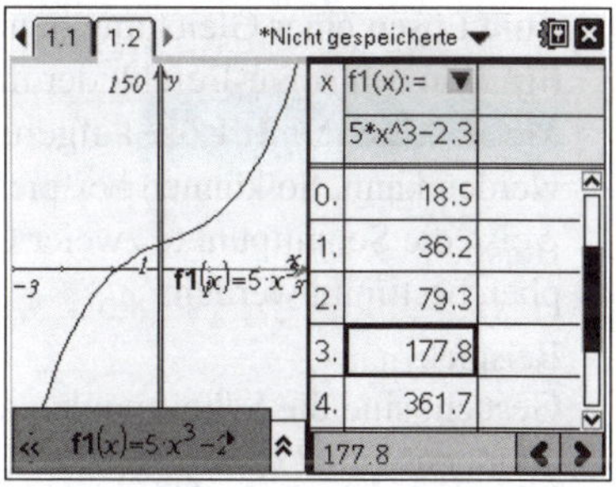

4. **Schieberegler**
Ist zum Beispiel eine Funktionenschar gegeben, kann der Einfluss des in der Funktionsgleichung vorkommenden Parameters im Grafikfenster mittels eines Schiebereglers visualisiert werden. Dazu gibt man die entsprechende Funktionsgleichung in der Eingabezeile ein und baut für den Parameter mit (menu) **1: Aktionen**, **B** **Schieberegler einfügen** einen Schieberegler ein, der sich nun leicht anpassen lässt. Auf diese Weise spart man sich eine erneute Eingabe weiterer Funktionsgleichungen mit unterschiedlichen Parametern und man sieht durch Bedienen des Reglers ganz schnell, wie sich der Graph verändert.

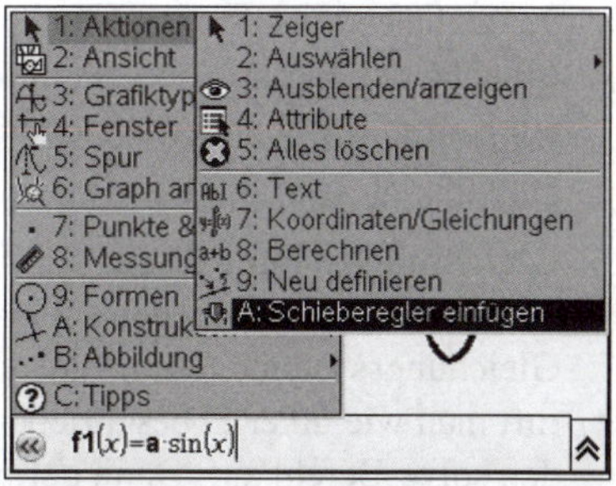

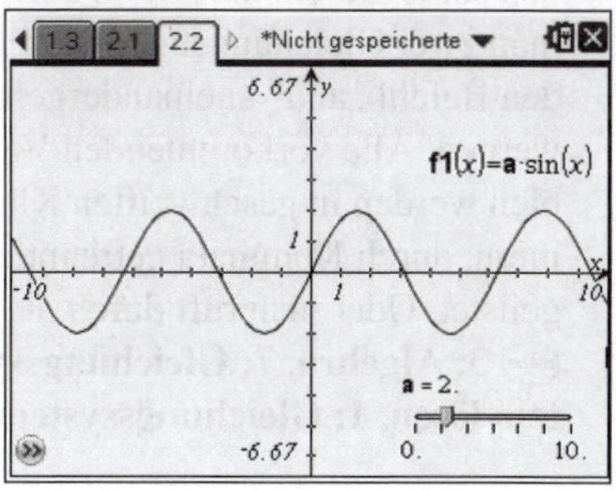

Beispiel:
Für jede reelle Zahl a ($a \neq 0$) sei eine Funktion f_a durch $y = f_a(x) = a \cdot \sin x$ ($x \in \mathbb{R}$) gegeben. Beschreiben Sie, wie die Graphen der Funktionen f_a aus dem Graphen der Funktion $y = \sin x$ hervorgehen.
Wie man an den Graphen leicht ablesen kann, findet eine Streckung in Richtung der y-Achse statt.

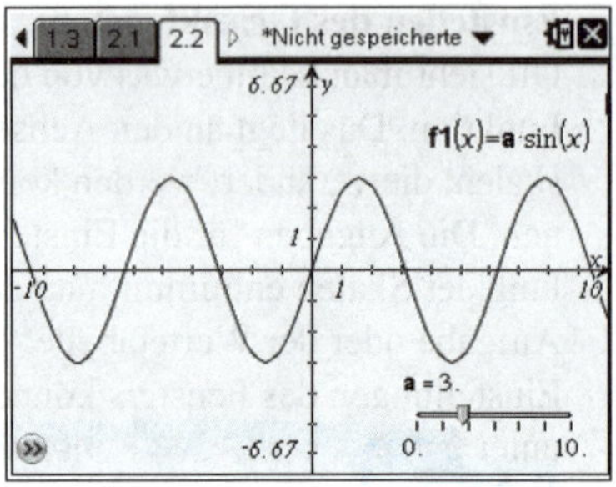

5. **Algebraische Gleichungen lösen**
Zum Lösen einer Gleichung benötigt man den solve-Befehl, der mit (menu) **3: Algebra, 1: Löse** aufgerufen werden kann. So können beispielsweise die Schnittpunkte zweier Graphen bestimmt werden.

Beispiel:
Gesucht sind die Schnittpunkte der Graphen von $f(x) = \frac{1}{x} + 2$ und $g(x) = 0{,}5x + \frac{3}{2}$. Nach Aufrufen des solve-Befehls und der Eingabe der zu lösenden Gleichung muss die Eingabe der Variablen x, die durch ein Komma (,) von der Gleichung getrennt ist, erfolgen.

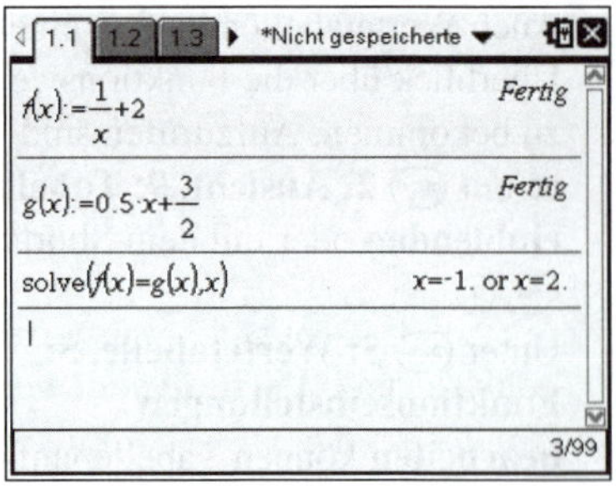

6. **Gleichungssysteme lösen**
Man kann auf verschiedene Weisen Gleichungssysteme lösen. Entweder ruft man wie unter 5. beschrieben den solve-Befehl auf. Dann definiert man zwei Gleichungen, die durch den Befehl „and" aneinandergefügt werden. Alle vorkommenden Variablen werden in geschweiften Klammern, durch Kommata getrennt, aufgelistet. Oder man ruft durch (menu) **3: Algebra**, **7: Gleichungssystem lösen, 1: Gleichungssystem**

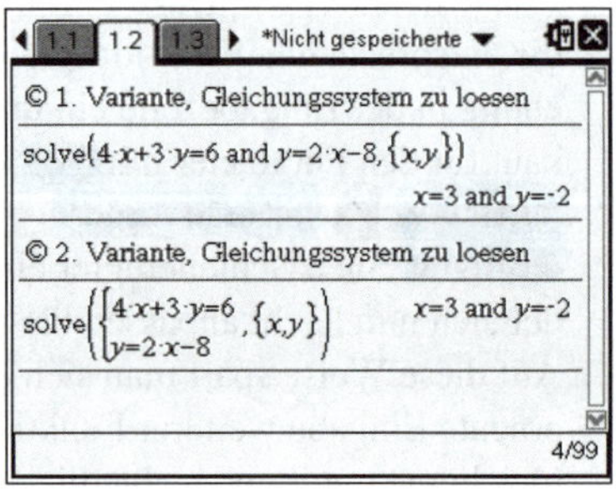

lösen … auf, wobei man die vorkommenden Variablen vorab eingeben kann. (Auch hier wird der solve-Befehl benutzt, nur werden die Gleichungen direkt untereinander geschrieben.)

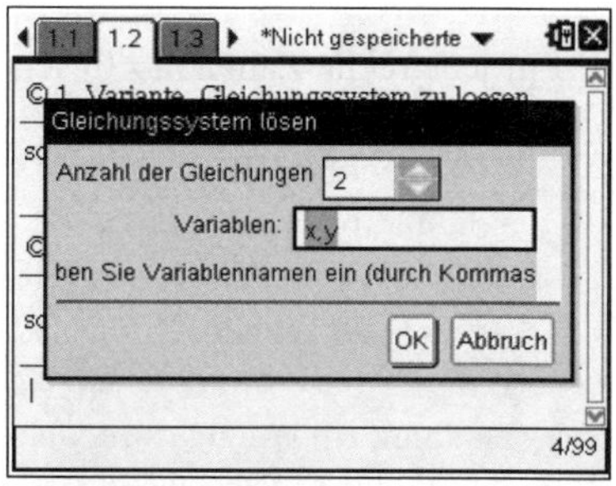

Beispiel:
Zu lösen sei das Gleichungssystem

(I) $4x + 3y = 6$

(II) $y = 2x - 8 \quad (x, y \in \mathbb{R})$

Dieses Gleichungssystem lässt sich auch grafisch lösen. Dazu muss zuerst die Gleichung (I) nach y umgestellt und zusammen mit der Gleichung (II) als Funktion im CAS abgespeichert werden. Im Grafikbildschirm kann der Schnittpunkt der Funktionen über (menu) **6: Graph analysieren**, **4: Schnittpunkt** dargestellt werden. Die Koordinaten des Schnittpunktes entsprechen der Lösung des Gleichungssystems.

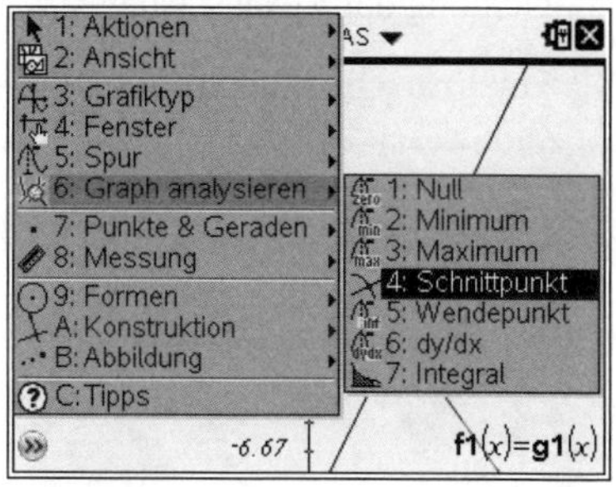

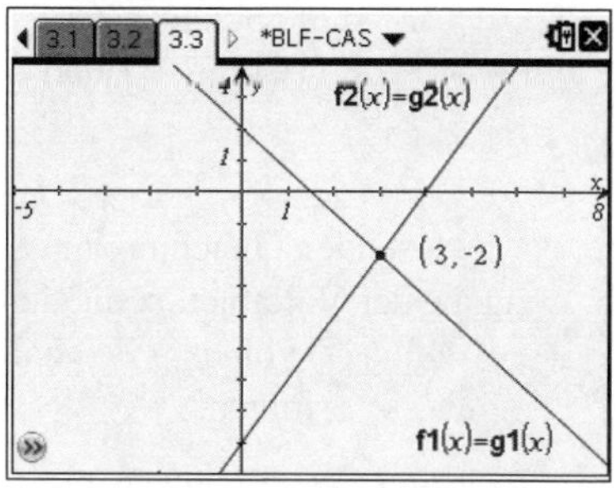

7. Weil der Taschencomputer Ihnen viel Arbeit abnimmt, kann es passieren, dass Ihre Lösungsdarstellung zu knapp ausfällt. Gewöhnen Sie sich beizeiten daran, den Lösungsweg immer so zu notieren, dass er von anderen gut nachvollzogen werden kann. **Kommentieren Sie Ihre Lösungsansätze, notieren Sie zum Teil auch Zwischenschritte und nehmen Sie in der Antwort immer Bezug auf die gestellte Aufgabe.** So haben Sie eine nachträgliche Kontrolle, ob Sie wirklich alle gestellten Aufgabenteile bearbeitet haben. Eventuell ist es dann auch möglich, bei der Korrektur Folgefehler anzuerkennen. Selbstverständlich trägt eine saubere und übersichtliche Darstellung des Lösungsweges zu einem positiven Gesamteindruck Ihrer Prüfung bei.

[illegible]
kommenden [illegible]
[illegible]

Besondere Leistungsfeststellung Thüringen 10. Klasse Mathematik
Orientierungsaufgaben für BLF 2015

Pflichtaufgabe 1 (hilfsmittelfrei)

1. Gegeben sind die Funktionen f und g durch $f(x) = 3 \cdot \sin x$ und $g(x) = \sin x + 3$ ($x \in \mathbb{R}$). Skizzieren Sie die Graphen der Funktionen f und g mindestens im Intervall $0 \leq x \leq 2\pi$. (2 BE)

2. Die persönliche Identifikationsnummer (PIN) eines Handys besteht aus vier Ziffern.

   a) Bestimmen Sie die Anzahl der möglichen PIN so, dass die Ziffern unterschiedlich und ungerade sind. (1 BE)

   b) Mit dem Ereignis E werden alle PIN beschrieben, die aus ungeraden Ziffern bestehen. Das Ereignis F erhält alle PIN, die aus Ziffern bestehen, die durch drei teilbar sind. Geben Sie von den PIN (I) bis (V) diejenigen an, die in $E \cap F$ enthalten sind.
   (I) 3993 (II) 6393 (III) 9399 (IV) 3996 (V) 5396 (1 BE)

3. Laura behauptet, dass die Gleichung $-x^2 = 2x + t$ genau zwei Lösungen hat. Untersuchen Sie den Einfluss des Parameters t auf die Lösungsmenge der Gleichung. Entscheiden Sie, ob Laura recht hat. (2 BE)

4. In einem rechtwinkligen Dreieck ist ein spitzer Winkel um 15° größer als der andere.

   a) Geben Sie ein zugehöriges Gleichungssystem an. (1 BE)

   b) Ermitteln Sie die Größe der spitzen Winkel des Dreiecks. (1 BE)

5. Gegeben ist ein rechtwinkliges Dreieck KLM.
   Vervollständigen Sie die Gleichungen zur Berechnung folgender Größen unter Verwendung der Dreiecksseiten.

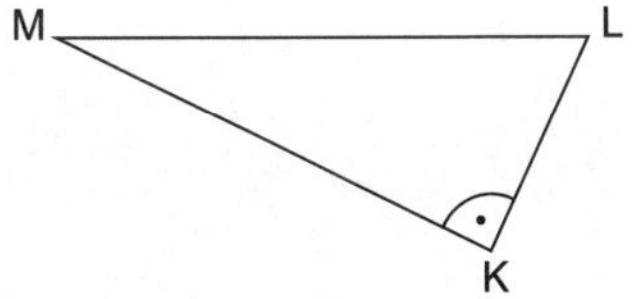

Skizze nicht maßstäblich

   a) $\overline{LM} =$

   b) $\sin(\sphericalangle KML) =$ (2 BE)

Pflichtaufgabe 2

1. In einem rechtwinkligen Koordinatensystem sind die Punkte $A(1\,|\,-4)$, $B(4\,|\,0)$, $C(2\,|\,4)$ und $D(x\,|\,1)$ gegeben.

   a) Berechnen Sie den Flächeninhalt des Dreiecks ABC. (4 BE)

   b) Die Punkte A, B, C und D bilden das Viereck ABCD. Der Wert x ($x < 0$) soll so ermittelt werden, dass die beiden Streckenzüge von A nach C entlang der Seiten des Vierecks ABCD gleich lang sind. Ermitteln Sie den Wert für x. (2 BE)

   c) Geben Sie die Koordinaten eines Punktes E so an, dass das Dreieck BEC einen Flächeninhalt von 6 FE hat. → Flächeneinheiten (1 BE)

2. Gegeben sind acht Spielkarten. Davon sind vier Karten rot, drei Karten grün und eine blau. Eine Karte wird zufällig gezogen und die Farbe der gezogenen Karte notiert. Die Karte wird wieder zurückgelegt.

   a) Berechnen Sie die Wahrscheinlichkeit, dass beim zweimaligen Ziehen mindestens eine grüne Karte gezogen wird. (2 BE)

   b) Paul und Karl vereinbaren dazu ein Spiel. Das Spiel endet, wenn erstmals eine blaue Karte gezogen wird. Dann erhält Paul von Karl 3 €. Wird nach dreimaligem Ziehen jedoch keine blaue Karte gezogen, erhält Karl von Paul 1 €.
   Untersuchen Sie, ob Paul bei diesem Spiel auf lange Sicht Geld gewinnt oder verliert. (3 BE)

3. In einem Behälter sind 2,3 kg von einem Gas vorhanden. In zwei Stunden halbiert sich die Masse des Gases jeweils.
   Geben Sie eine Wertetabelle für mindestens vier Wertepaare und eine Gleichung für die Masse in Abhängigkeit von der Zeit an. Ermitteln Sie die Zeit so, dass nur noch 1 kg Gas in dem Behälter ist. (3 BE)

Wahlaufgabe A1

1. Der momentane Benzinverbrauch b (in ℓ pro 100 km) eines Pkws ist im Allgemeinen abhängig von der gefahrenen Geschwindigkeit v und von der Wahl der Fahrstufe (Gänge). Diesen momentanen Benzinverbrauch b kann man in ausgewählten Intervallen näherungsweise durch quadratische Funktionen beschreiben.

1. Gang	$b_1(v) = 0{,}05v^2 - 1{,}5v + 19{,}25$	$(v > 7\,\frac{km}{h})$
2. Gang	$b_2(v) = 0{,}01\,(v - 30)^2 + 6{,}8$	$(v > 15\,\frac{km}{h})$
3. Gang	$b_3(v) = 0{,}002v^2 - 0{,}2v + 11{,}4$	$(v > 25\,\frac{km}{h})$

a) Geben Sie den Benzinverbrauch b_2 im 2. Gang für eine Geschwindigkeit $v = 20\,\frac{km}{h}$ sowie den Benzinverbrauch b_3 im 3. Gang für $v = 45\,\frac{km}{h}$ an. (2 BE)

b) Bestimmen Sie für den 2. und 3. Gang jeweils die Geschwindigkeit, für die der Benzinverbrauch am geringsten ist. (2 BE)

c) Bei Verdopplung der Geschwindigkeit im 3. Gang verdoppelt sich auch der momentane Benzinverbrauch.
Prüfen Sie diese Behauptung. (2 BE)

d) Begründen Sie, dass man bei einer Geschwindigkeit von $v = 28\,\frac{km}{h}$ unter dem Aspekt eines geringen Benzinverbrauches im 2. Gang fahren sollte.
Geben Sie für die Erhöhung der Geschwindigkeit eine Schaltempfehlung für den Wechsel vom 2. in den 3. Gang so an, dass insgesamt ein möglichst geringer Benzinverbrauch erreicht wird. Begründen Sie Ihre Empfehlung. (3 BE)

e) Zusätzlich wurde für diesen Pkw der Verbrauch im 4. Gang für vier verschiedene Geschwindigkeiten ermittelt ($v > 45\,\frac{km}{h}$).

Geschwindigkeit v in $\frac{km}{h}$	49	65	80	90
Verbrauch $b_4(v)$ in ℓ pro 100 km	6,5	6,1	6,0	6,2

Geben Sie eine Funktionsgleichung einer quadratischen Funktion b_4 für den Verbrauch im 4. Gang an. (1 BE)

2. Der öffentliche Nahverkehr ist eine Alternative zum Pkw.

a) Ermitteln Sie mithilfe der Darstellung den prozentualen Anteil derjenigen Personen, die keinen Pkw nutzen. (1 BE)

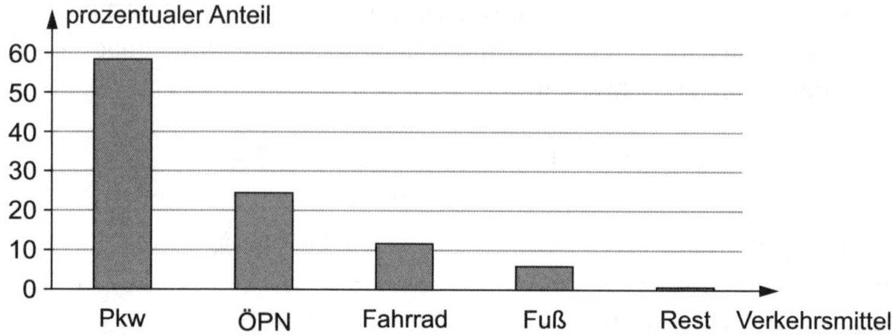

Die Mitarbeiter des Nahverkehrs stellen Folgendes fest:

- 34,2 % besitzen eine Einzelfahrkarte
- 59,1 % können eine Zeitfahrkarte vorzeigen
- 6,7 % sind Schwarzfahrer

b) Berechnen Sie die Wahrscheinlichkeiten für die Ereignisse:
A := „Von drei Fahrgästen besitzt genau einer keine Fahrkarte."
B := „Von 20 kontrollierten Fahrgästen hatten alle eine gültige Fahrkarte." (2 BE)

c) Ein Beauftragter überprüft die Fahrkarten der letzten drei zugestiegenen Personen im Bus. Bestimmen Sie die Wahrscheinlichkeit dafür, dass unter diesen Fahrgästen jeweils eine Person mit einer Einzel-, mit einer Zeitfahrkarte und ohne Fahrkarte ist. (2 BE)

Wahlaufgabe A2

Ein Baumarkt plant die Erweiterung des Außengeländes.

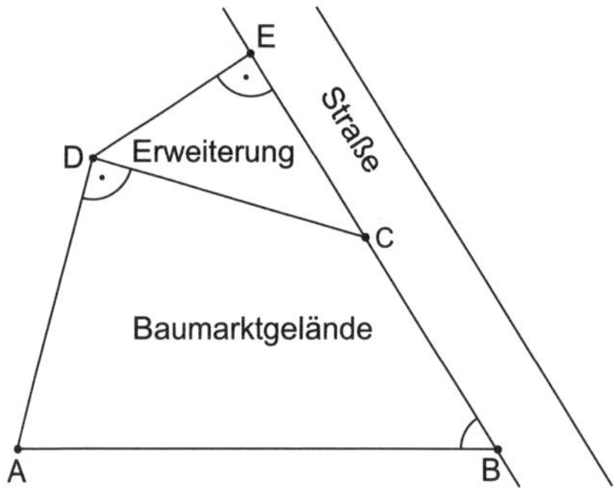

$a = \overline{AB} = 410\text{ m}$

$d = \overline{AD} = 260\text{ m}$

$b = \overline{BC} = 240\text{ m}$

$\sphericalangle CBA = 56{,}3°$

Skizze nicht maßstäblich

a) Berechnen Sie die Länge der Strecke $\overline{AC}$ sowie den Flächeninhalt des Außengeländes nach der Erweiterung. (6 BE)

b) Ermitteln Sie den prozentualen Zuwachs der Länge der Grundstücksgrenze an der Straße. (1 BE)

c) Für die Erweiterung sind finanzielle Mittel in Höhe von 500 000 € erforderlich. Die Finanzierung erfolgt über einen Kredit mit Zinseszins. Zwei Angebote liegen vor.

Bank	Zinsen in %	Eigenkapital in €	Laufzeit in Jahren
A	7,00	100 000	4
B	9,50	50 000	3

Vergleichen Sie die Angebote bezüglich der Höhe der Zinsen. (3 BE)

d) Am Straßenrand werden Rinnsteine aus Beton mit einer Länge von 80 cm verlegt. Dargestellt ist der Querschnitt eines solchen Rinnsteins.

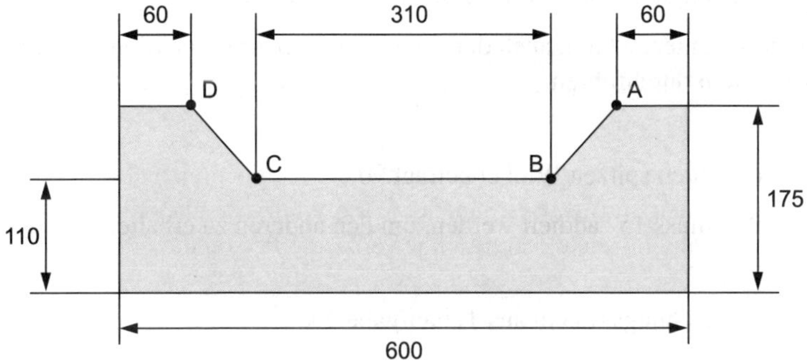

Skizze nicht maßstäblich (Angaben in mm)

Berechnen Sie das Volumen eines Rinnsteins. (2 BE)

e) Der Rinnstein soll eine Wölbung erhalten, deren Querschnitt die Form einer quadratischen Parabel durch die Punkte A, B, C und D hat. Ermitteln Sie eine Gleichung der Parabel. (2 BE)

f) Ein Kunde des Baumarkts sichert sein Fahrrad auf dem Parkplatz mit einem Zahlenschloss, das mit einer vierstelligen Zahl zu öffnen ist. Er erinnert sich, dass er die Ziffern 2, 4, 6 und 8 verwenden muss. Gib die Anzahl der möglichen Einstellungen an. (1 BE)

Tipps und Hinweise zu den Lösungen

Pflichtaufgabe 1

1

- Wiederholen Sie Ihre Kenntnisse über die Sinusfunktion sowie über die Bedeutung der Parameter a und c bei $y = f(x) = a \cdot \sin x$ bzw. $y = f(x) = \sin x + c$.

2 a)

- Die Ziffern bei der vierstelligen PIN sind **ungerade** und **verschieden**.
- Es handelt sich um eine Anordnung von k Elementen ohne Wiederholung.

2 b)

- Beachten Sie, dass beim Eintreten des Ereignisses $E \cap F$ beide Eigenschaften aus E und F gleichzeitig erfüllt sein müssen.

3

- Stellen Sie die zugehörige Normalform der quadratischen Gleichung auf und lösen Sie diese in Abhängigkeit von t. Nutzen Sie die p-q-Formel.
- Sie können diese Untersuchung auch durch das Zeichnen von Funktionen in einem Koordinatensystem durchführen.

4 a)

- Die Summe der beiden spitzen Winkel beträgt 90°.
- Zu einem Winkel muss 15° addiert werden, um den anderen zu erhalten.

4 b)

- Nutzen Sie das Gleichungssystem aus Teilaufgabe 4 a.

5 a)

- Nutzen Sie den Satz des Pythagoras.

5 b)

- Denken Sie an Winkelbeziehungen im rechtwinkligen Dreieck.

Pflichtaufgabe 2

1 a)

- Fertigen Sie unbedingt eine Skizze an.
- Es ist nicht ohne weitere Berechnungen möglich, den Flächeninhalt des Dreiecks ABC auf direktem Weg zu bestimmen. Überlegen Sie deshalb, ob das Dreieck von einer Fläche umschlossen werden kann.

1 b)

- Ergänzen Sie Ihre Skizze um den Punkt D, der auf der Geraden $y = 1$ für $x < 0$ im 2. Quadranten liegt, und kennzeichnen Sie die beiden Streckenzüge.
- Umschreiben Sie das entstandene Viereck ABCD mit einem geeigneten Rechteck.
- Die Teilflächen, die nicht zum Viereck gehören, sind rechtwinklige Dreiecke.

1 c)

- Wählen Sie als Höhe z. B. die y-Koordinate von C und suchen Sie die passende Länge der Grundseite. Lesen Sie die Koordinaten von E ab.

2 a)

- Hier findet ein **zweimaliger** Ziehungsvorgang **mit Zurücklegen** statt.
- Die Wahrscheinlichkeiten für das Ziehen der einzelnen farbigen Karten ändern sich nicht.
- Sie können ein Baumdiagramm und dann die Pfadregeln nutzen.

2 b)

- Falls Paul bei diesem Spiel auf lange Zeit Geld gewinnt, muss der Erwartungswert für den Gewinn von Paul größer null sein.
- Berechnen Sie zuerst die Wahrscheinlichkeiten, dass Paul das Spiel gewinnt bzw. das Spiel verliert.

3

- Bei diesem Vorgang handelt es sich um eine exponentielle Abnahme.
- Beachten Sie die Zeitspannen von je 2 Stunden in der Wertetabelle.
- Stellen Sie mit zwei Werten aus der Wertetabelle das Zerfallsgesetz auf und berechnen Sie den Koeffizienten a und den gesuchten Zeitpunkt t mit einem CAS.

Wahlaufgabe A1

1 a)

- Speichern Sie die drei quadratischen Funktionen in Ihrem CAS ab und wählen Sie eine geeignete Darstellung im Grafikfenster.
- Berechnen Sie die entsprechenden Funktionswerte.

1 b)

- Ermitteln Sie die Koordinaten des Scheitelpunktes der entsprechenden Funktionen und lesen Sie die Geschwindigkeit ab.

1 c)

- Prüfen Sie diese Behauptung durch ein geeignetes Beispiel und schlussfolgern Sie.

1 d)

- Berechnen Sie den Benzinverbrauch, indem Sie die Funktionswerte der drei quadratischen Funktionen für die Geschwindigkeit von 28 $\frac{\text{km}}{\text{h}}$ bestimmen und diese Werte vergleichen.
- Die Koordinaten des Schnittpunkts der beiden Graphen der Funktionen b_2 und b_3 für $v > 25\ \frac{\text{km}}{\text{h}}$ geben an, bei welcher Geschwindigkeit in beiden Gängen der gleiche Benzinverbrauch vorliegt.
- Analysieren Sie den Graphen der Funktion b_3 rechts von diesem Schnittpunkt.

1 e)

- Nutzen Sie das CAS für eine quadratische Regression.

2 a)

- Es ist nach dem Anteil derjenigen gefragt, die **keinen** PKW nutzen.

2 b)

- Bestimmen Sie zuerst die Wahrscheinlichkeit, dass die Fahrgäste irgendeine Fahrkarte besitzen, und die Wahrscheinlichkeit des Komplementärereignisses, dass sie keine besitzen (Schwarzfahrer).
- Für die Berechnung der Wahrscheinlichkeit des Ereignisses A beachten Sie die Anzahl der Anordnungen der drei Fahrgäste.
- Beim Ereignis B gehen Sie davon aus, dass das Ereignis „Fahrgast besitzt eine Fahrkarte“ 20-mal nacheinander eintreten muss.

2 c)

- Ermitteln Sie die Wahrscheinlichkeit dieses Ereignisses durch inhaltliche Überlegungen unter Ausnutzung der prozentualen Angaben über einen Fahrkartenbesitz.
- Beachten Sie dabei, dass es $3! = 6$ verschiedene Möglichkeiten gibt, diese drei Fahrgäste anzuordnen.

Wahlaufgabe A2

a)

- Berechnen Sie die Länge der Strecke $\overline{AC}$ mit dem Kosinussatz im Dreieck ABC. Tragen Sie diese Strecke in Ihre Skizze ein.
- Der gesuchte Flächeninhalt besteht aus drei Dreiecksflächen.

- Den Flächeninhalt des rechtwinkligen Dreiecks ACD kann man dann berechnen, wenn vorher die Seite $\overline{CD}$ mittels des Satzes des Pythagoras berechnet wurde.
- Überlegen Sie, welche Seitenlängen und Winkelgrößen benötigt werden, um den Flächeninhalt des rechtwinkligen Dreiecks DCE berechnen zu können.
- Beachten Sie unbedingt, dass Sie den Winkel $\sphericalangle ACB$ mit dem Kosinussatz im Dreieck ABC berechnen müssen, da es der Winkel ist, der der größten Seite im Dreieck gegenüberliegt.

b)

- Sie können eine entsprechende Verhältnisgleichung lösen. Die ursprüngliche Strecke an der Straße entspricht 100 %. Wie viel Prozent entspricht das neu hinzugekommene Stück?

c)

- Wiederholen Sie Ihre Kenntnisse zum exponentiellen Wachstum und berechnen Sie die entsprechenden Kreditschulden. Beachten Sie dabei die Höhe des Eigenkapitals.
- Um die Höhe der Zinsen zu berechnen, subtrahieren Sie den Anfangskredit von den berechneten Kreditschulden.

d)

- Um das Volumen zu bestimmen, benötigen Sie die Größe der Querschnittsfläche.
- Diese erhält man durch eine Flächensubtraktion eines entsprechenden Trapezes von einem äußeren Rechteck, was Sie in einer Skizze darstellen müssen.

e)

- Tragen Sie als Erstes ein geeignetes Koordinatensystem in Ihre Skizze ein.
- Bestimmen Sie die Koordinaten der Punkte A, B, C und D.
- Ermitteln Sie die Gleichung der quadratischen Funktion z. B. durch Regression mittels CAS.

f)

- Beachten Sie bei der Bestimmung der Anzahl, dass alle vier Ziffern genau ein Mal verwendet werden müssen.
- Somit ist es eine Anordnung ohne Wiederholung und ohne Beachtung der Reihenfolge.

Lösungen

Pflichtaufgabe 1 (hilfsmittelfrei)

1. Gegeben: $f(x) = 3 \cdot \sin x$
   $g(x) = \sin x + 3,\ x \in \mathbb{R}$

   Der Graph der Funktion f ist eine um den Faktor 3 in Richtung der y-Achse gestreckte Sinusfunktion $y = \sin x$, es ändert sich nur der Wertebereich:
   $WB = \{y: -3 \leq y \leq 3;\ y \in \mathbb{R}\}$
   Der Graph der Funktion g ist eine um 3 Einheiten in Richtung der y-Achse nach oben verschobene Sinusfunktion $y = \sin x$, es ändert sich auch nur der Wertebereich: $WB = \{y: 2 \leq y \leq 4;\ y \in \mathbb{R}\}$

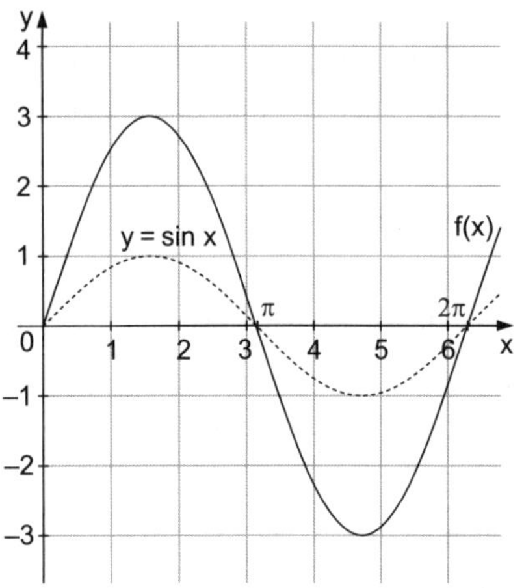

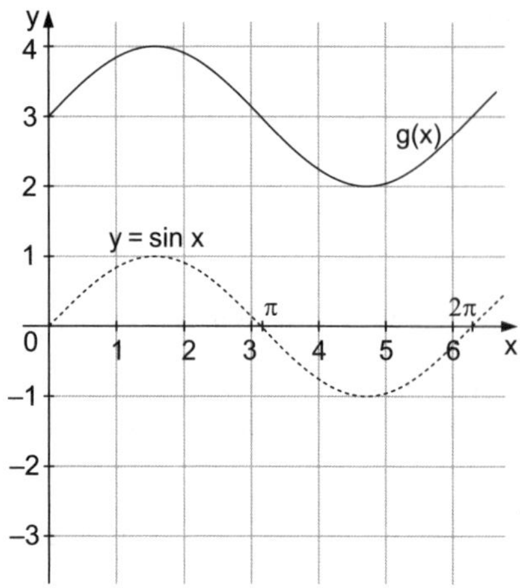

2. a) PIN aus 4 ungeraden und unterschiedlichen Ziffern

   Zur Auswahl für die erste Ziffer stehen die fünf Ziffern 1, 3, 5, 7 und 9 zur Verfügung. Da die weiteren Ziffern der PIN verschieden sind, stehen für die zweite Ziffer der PIN nur noch vier Ziffern zur Verfügung usw.

   Anzahl: $5 \cdot 4 \cdot 3 \cdot 2 = \underline{\underline{120 \text{ Möglichkeiten}}}$

   b) Das Ereignis $E \cap F$ beschreibt, dass beide Bedingungen, also alle Ziffern ungerade **und** durch drei teilbar, erfüllt sein müssen. Das trifft nur für die PIN (I) 3993 und die PIN (III) 9399 zu.

3. Rechnerische Lösung:

$$-x^2 = 2x + t \qquad | + x^2$$

$$0 = x^2 + 2x + t \qquad | \text{Lösungsformel anwenden}$$

$$x_{1,2} = -\frac{p}{2} \pm \sqrt{\left(\frac{p}{2}\right)^2 - q}$$

$$x_{1,2} = -1 \pm \sqrt{1-t} \qquad \Rightarrow \underline{D = 1 - t}$$

- Gleichung hat zwei Lösungen für $D > 0$

  $1 - t > 0 \quad | + t$

  $1 > t \qquad$ bzw. $\underline{t < 1}$

- Gleichung hat genau eine Lösung für $D = 0$

  $1 - t = 0 \quad$ bzw. $\underline{t = 1}$

- Gleichung hat keine Lösung für $D < 0$

  $1 - t < 0 \quad | + t$

  $1 < t \qquad$ bzw. $\underline{t > 1}$

Somit hat Laura nicht recht, da die Gleichung **nur** für $t < 1$ genau zwei Lösungen hat.

Grafische Lösung:

Betrachtet man in der Gleichung $-x^2 = 2x + t$ die beiden Terme $-x^2$ und $2x + t$ als Terme von Funktionsgleichungen, dann beschreiben die gemeinsamen Punkte der zugehörigen Funktionsgraphen die Anzahl der Lösungen dieser Gleichung.

Gegeben: $f(x) = -x^2$

$\qquad g(x) = 2x + t$

Die Gleichung $-x^2 = 2x + t$ hat genau eine Lösung, falls f(x) und g(x) nur genau einen gemeinsamen Punkt P haben. Das ist nur für $t = 1$ möglich, da die lineare Funktion $g(x) = 2x + 1$ den Graphen von f(x) im Punkt $P(-1\,|\,-1)$ berührt.

In einem Koordinatensystem, in dem die Funktionen f(x) und g(x) für verschiedene $t \in \mathbb{R}$ dargestellt werden, sind die Einflüsse des Parameters t leicht erkennbar.

t > 1 (z. B. t = 4): keine Lösung

t = 1: genau eine Lösung

t < 1 (z. B. t = –3): zwei Lösungen

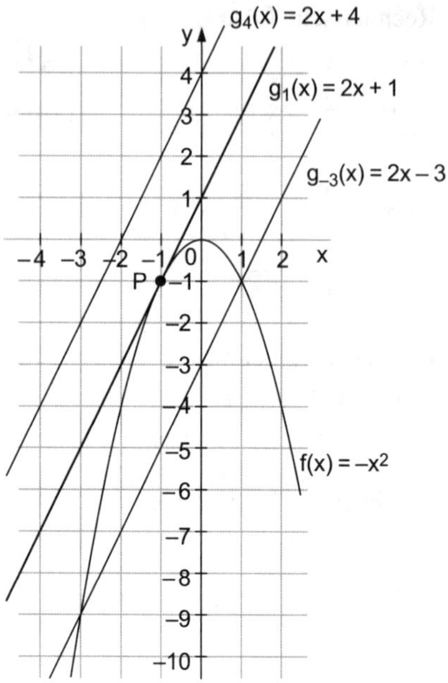

4. a) In einem rechtwinkligen Dreieck mit z. B. $\gamma = 90°$ ist die Summe der Winkelgrößen der beiden spitzen Winkel $\alpha + \beta = 90°$ (Gleichung I). Da einer von beiden um 15° größer sein soll, gilt $\alpha + 15° = \beta$ (Gleichung II). Somit ist das Gleichungssystem aufgestellt.

   b) Aus Teilaufgabe a ergibt sich:
   $\alpha + \alpha + 15° = 90° \quad \Rightarrow \quad \alpha = 37{,}5°$ und $\beta = 52{,}5°$

5. Rechtwinkliges Dreieck KLM mit $\sphericalangle LKM = 90°$

   a) Nach Satz des Pythagoras gilt:

   $$\overline{LM}^2 = \overline{KL}^2 + \overline{KM}^2 \qquad |\sqrt{}$$

   $$\underline{\underline{\overline{LM} = \sqrt{\overline{KL}^2 + \overline{KM}^2}}}$$

   b) $$\sin(\sphericalangle KML) = \frac{\text{Gegenkathete}}{\text{Hypotenuse}}$$

   $$\underline{\underline{\sin(\sphericalangle KML) = \frac{\overline{KL}}{\overline{LM}}}}$$

Pflichtaufgabe 2

1. Gegeben: Punkte in einem rechtwinkligen Koordinatensystem
   A(1 | –4), B(4 | 0), C(2 | 4), D(x | 1)

   a) Gesucht: Flächeninhalt des Dreiecks ABC

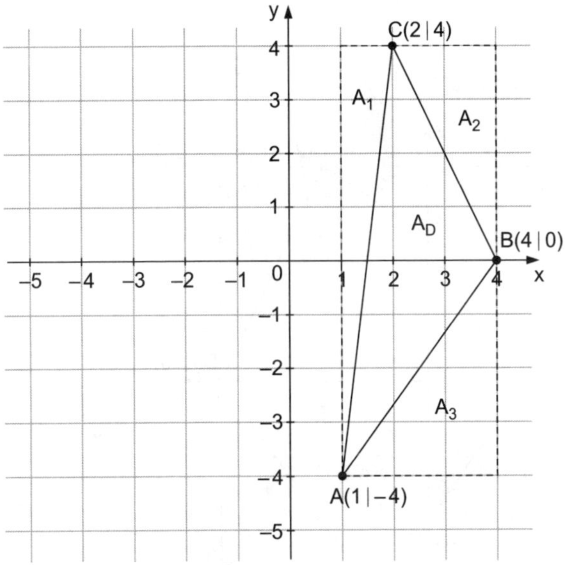

(Skizze nicht maßstäblich)

Das Dreieck ABC mit dem Flächeninhalt A_D wird durch ein Rechteck mit einem Flächeninhalt A_R umschlossen. Dann gilt $A_D = A_R - A_1 - A_2 - A_3$.

Berechnung der Rechteckfläche A_R:

$A_R = 3\,LE \cdot 8\,LE$ Längeneinheiten

$\underline{A_R = 24\,FE}$ Flächeneinheiten

Bei den Teilflächen A_1, A_2 und A_3 handelt es sich um Flächeninhalte von rechtwinkligen Dreiecken.

$$A_1 = \frac{1}{2} \cdot 1\,LE \cdot 8\,LE$$

$$\underline{A_1 = 4\,FE}$$

$$A_2 = \frac{1}{2} \cdot 2\,LE \cdot 4\,LE$$

$$\underline{A_2 = 4\,FE}$$

$A_3 = \frac{1}{2} \cdot 3\,\text{LE} \cdot 4\,\text{LE}$

$\underline{A_3 = 6\,\text{FE}}$

Somit ist:

$A_D = 24\,\text{FE} - 4\,\text{FE} - 4\,\text{FE} - 6\,\text{FE}$

$\underline{\underline{A_D = 10\,\text{FE}}}$

b) Skizze (nicht maßstäblich):

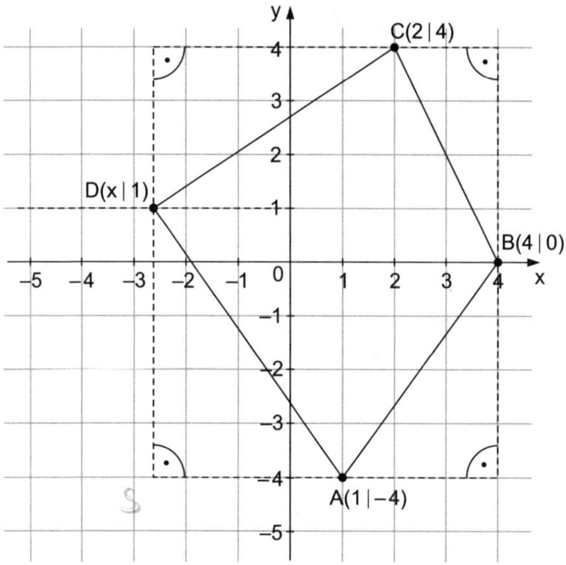

Streckenzüge s von A nach C

1. $s_1 = \overline{AB} + \overline{BC}$
2. $s_2 = \overline{AD} + \overline{DC}$

- Ermitteln des Wertes x durch Berechnung:
  Für die Berechnung der Streckenzüge s_1 bzw. s_2 sind jeweils die Seitenlängen des Vierecks ABCD zu berechnen. Diese lassen sich als Hypotenusen von rechtwinkligen Dreiecken berechnen. Nach dem Satz des Pythagoras gilt jeweils:

  $\overline{AB} = \sqrt{3^2 + 4^2}\ \text{LE} = 5\ \text{LE}$

  $\overline{BC} = \sqrt{2^2 + 4^2}\ \text{LE} = 2\sqrt{5}\ \text{LE}$

$$\overline{AD} = \sqrt{(1-x)^2 + 5^2}\ \text{LE}$$
$$= \sqrt{x^2 - 2x + 26}\ \text{LE},\ x < 0$$
$$\overline{DC} = \sqrt{(2-x)^2 + 3^2}\ \text{LE}$$
$$= \sqrt{x^2 - 4x + 13}\ \text{LE},\ x < 0$$

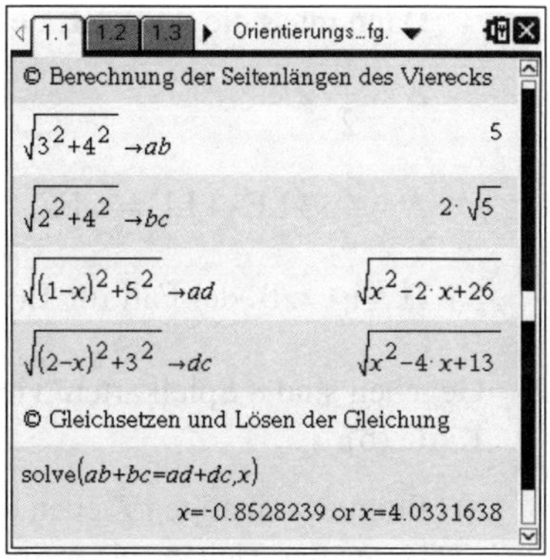

Gleichsetzen der Längen der Streckenzüge s_1 und s_2:

$$\overline{AB} + \overline{BC} = \overline{AD} + \overline{DC}$$

$\underline{\underline{x \approx -0{,}85}}$

$x \approx 4{,}03$ entfällt, da $x < 0$ sein soll.

- Ermitteln des Wertes x grafisch mittels eines CAS:

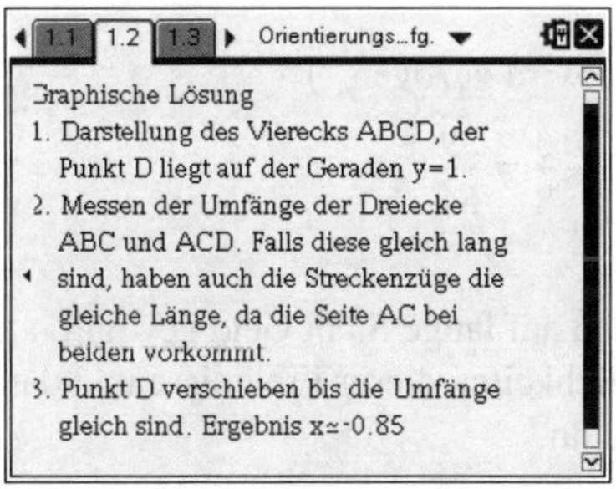

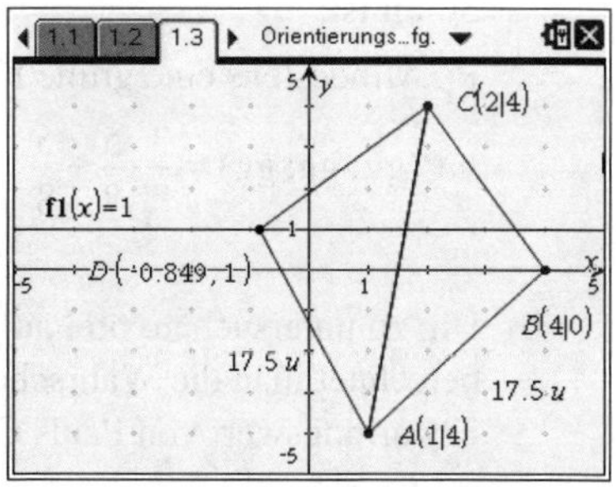

c) Für die Lage des Punktes E, sodass das Dreieck BEC einen Flächeninhalt von 6 FE hat, gibt es viele Möglichkeiten. Exemplarisch wird hier eine Möglichkeit dargestellt.

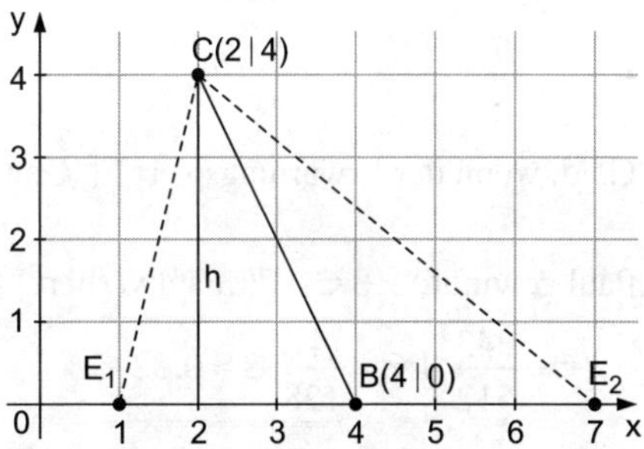

(Skizze nicht maßstäblich)

Falls der Punkt E auf der x-Achse liegt, hat das Dreieck BEC immer die Höhe $\underline{h = 4\ \text{LE}}$.

Dann muss die Seite $\overline{BE}$ des Dreiecks eine Länge von 3 LE haben, denn:

$$A = \frac{1}{2} \cdot g \cdot h$$

$$A = \frac{1}{2} \cdot 3\,\text{LE} \cdot 4\,\text{LE} = 6\,\text{FE}$$

Das ist z. B. der Fall für E(7 | 0).

2. Gegeben sind 8 Spielkarten, vier rote Karten (r), drei grüne (g) und eine blaue Karte (b).

   a) Beim zweimaligen Ziehen **mit Zurücklegen** gelten für die Wahrscheinlichkeiten des Ziehens einer Spielkarte:

   $$P(r) = \frac{1}{2};\ \ P(g) = \frac{3}{8};\ \ P(b) = \frac{1}{8};\ \ P(\overline{g}) = \frac{5}{8}$$

   Somit ist:

   P(„Mindestens eine grüne Karte wird gezogen.“)

   $$= P(g\overline{g};\ \overline{g}g;\ gg) = \frac{3}{8} \cdot \frac{5}{8} + \frac{5}{8} \cdot \frac{3}{8} + \frac{3}{8} \cdot \frac{3}{8} = \frac{39}{64}$$

   b) Um zu untersuchen, ob Paul auch auf lange Sicht Geld gewinnt oder verliert, berechnet man die Wahrscheinlichkeiten dieser Ereignisse und dann den Erwartungswert von Pauls Gewinn.

   P(„Paul gewinnt.“)

   = P(„Paul zieht eine blaue Karte bei höchstens drei Versuchen.“)

   $$= P(b;\ \overline{b}b;\ \overline{b}\,\overline{b}b) = \frac{1}{8} + \frac{7}{8} \cdot \frac{1}{8} + \frac{7}{8} \cdot \frac{7}{8} \cdot \frac{1}{8} = \frac{169}{512}$$

   $$P(\text{„Paul verliert.“}) = P(\overline{b}\,\overline{b}\,\overline{b}) = \frac{7}{8} \cdot \frac{7}{8} \cdot \frac{7}{8} = \frac{343}{512}$$

   Paul gewinnt auf lange Sicht Geld, wenn der Erwartungswert E(„Gewinn von Paul“) größer 0 € ist.

   E(„Gewinn von Paul“) = P(„Paul gewinnt.“) · 3 € – P(„Paul verliert.“) · 1 €

   $$= \frac{169}{512} \cdot 3\,€ - \frac{343}{512} \cdot 1\,€ = \frac{41}{128}\,€ \approx 0{,}32\,€$$

   Paul gewinnt somit auf lange Sicht Geld.

3. Hierbei handelt es sich um eine exponentielle Abnahme der Masse eines Gases.

Wertetabelle:

Zeitpunkt in Stunden	0	2	4	6
Gasmenge m in kg	2,3	1,15	0,575	0,2875

Gleichung:

$$m = m_0 \cdot a^t$$

$$1{,}15 = 2{,}3 \cdot a^2 \quad |:2{,}3$$

$$\frac{1}{2} = a^2$$

$$\Rightarrow \quad a = \frac{1}{2}\sqrt{2} \approx 0{,}707$$

$$\underline{m = 2{,}3 \cdot \left(\frac{1}{2}\sqrt{2}\right)^t}$$

m … Masse des Gases zum Zeitpunkt t

$m_0 = 2{,}3$ … Anfangsmasse in kg

a … Wachstumskoeffizient $0 < a < 1$

t … Zeit in h

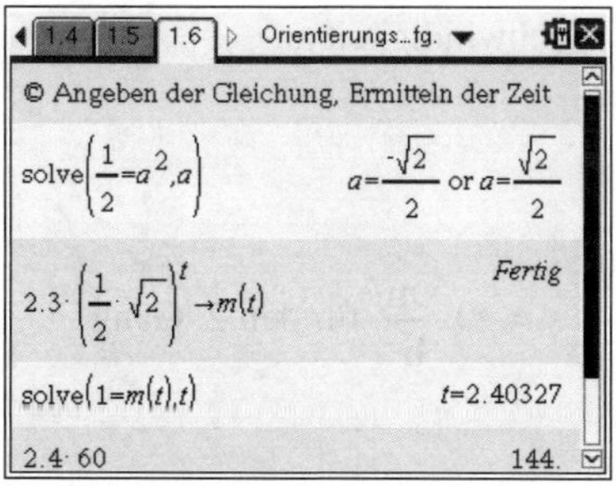

Ermitteln der Zeit:

$$1 = 2{,}3 \cdot \left(\frac{1}{2}\sqrt{2}\right)^t$$

$$t \approx 2{,}4\ \text{h}$$

$$\underline{t \approx 144\ \text{min}}$$

Nach etwa 144 min befindet sich nur noch 1 kg Gas im Behälter.

Wahlaufgabe 1

1. Gegeben: quadratische Funktionen, die den Benzinverbrauch beschreiben

$$b_1(v) = 0{,}05v^2 - 1{,}5v + 19{,}25 \quad \left(v > 7\,\frac{\text{km}}{\text{h}}\right)$$

$$b_2(v) = 0{,}01(v-30)^2 + 6{,}8 \quad \left(v > 15\,\frac{\text{km}}{\text{h}}\right)$$

$$b_3(v) = 0{,}002v^2 - 0{,}2v + 11{,}4 \quad \left(v > 25\,\frac{\text{km}}{\text{h}}\right)$$

a) Nach Einsetzen der Werte von v in die jeweiligen Funktionsgleichungen erhält man:

$b_2(20) = 7{,}8$

Verbrauch: 7,8 ℓ pro 100 km

$b_3(45) = 6{,}45$

Verbrauch: 6,45 ℓ pro 100 km

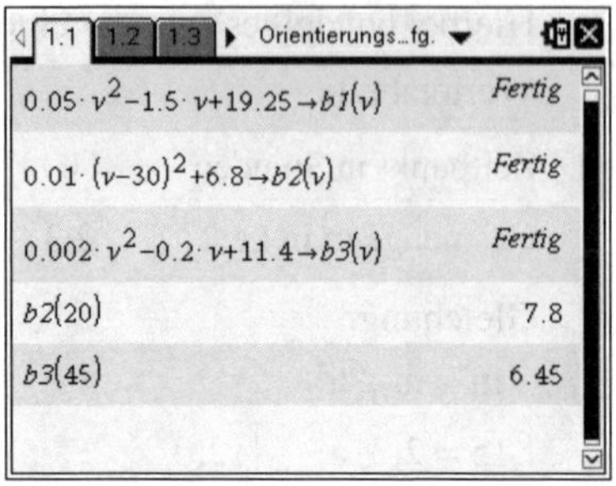

b) Zur Bestimmung der Geschwindigkeit v für den geringsten Benzinverbrauch ermittelt man die Koordinaten der Scheitelpunkte der Graphen der zugehörigen quadratischen Funktionen. Der Wert des Argumentes v gibt diese Geschwindigkeit an.

$v = 30\,\frac{\text{km}}{\text{h}}$ für den 2. Gang

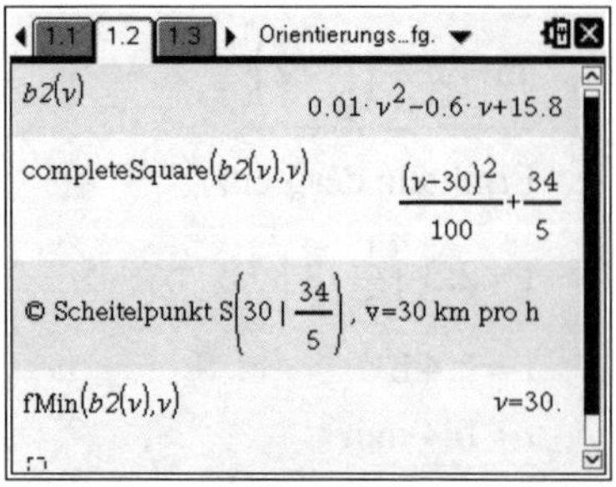

$v = 50\,\frac{\text{km}}{\text{h}}$ für den 3. Gang

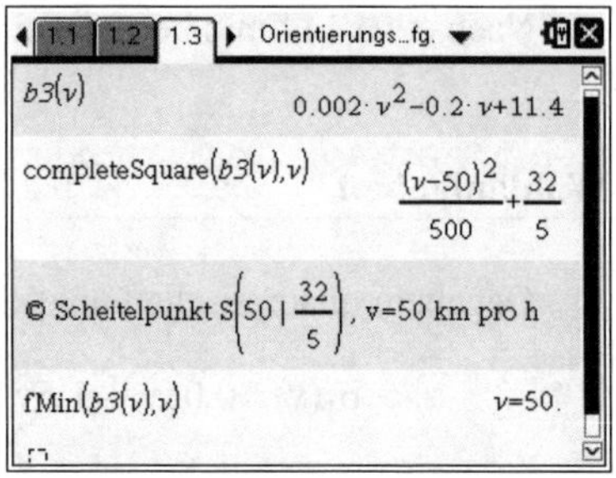

Auch in der grafischen Darstellung kann man diese Werte ablesen. Im Screenshot rechts wird das exemplarisch für $b_2(v)$ dargestellt.

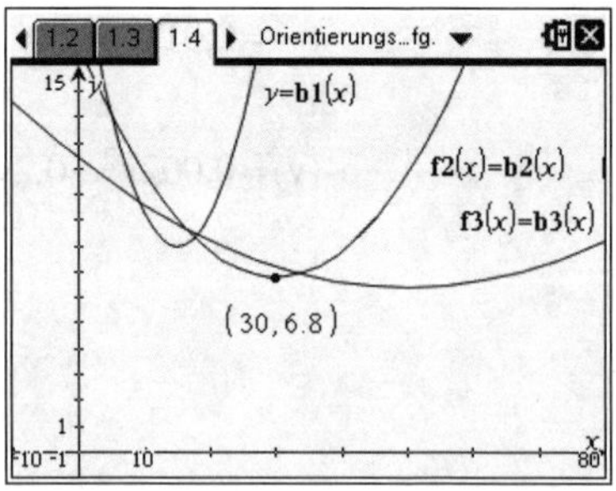

c) Mithilfe eines Beispiels kann man diese Behauptung widerlegen.

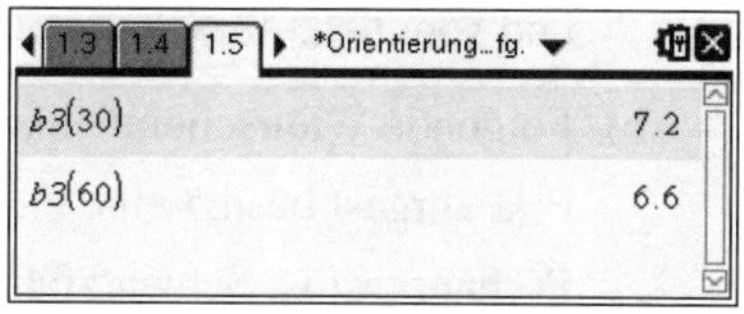

$b_3(30) = 7{,}2$

Verbrauch: 7,2 ℓ pro 100 km

$b_3(60) = 6{,}6$

Verbrauch: 6,6 ℓ pro 100 km

$b_3(60) \neq 2 \cdot b_3(30)$

d) Die Berechnung des Benzinverbrauches in den einzelnen Gängen zeigt, dass man bei einer Geschwindigkeit von $v = 28\ \frac{km}{h}$ im 2. Gang fahren sollte.

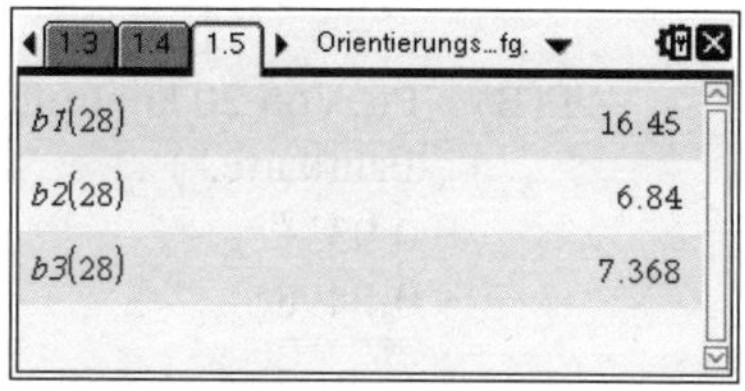

$b_1(28) = 16{,}45$

$b_2(28) = 6{,}84$

$b_3(28) \approx 7{,}37$

$\Rightarrow$ geringster Verbrauch mit 6,84 ℓ pro 100 km

Eine Schaltempfehlung für einen Wechsel vom 2. in den 3. Gang lässt sich am geeignetsten aus der grafischen Darstellung ableiten.

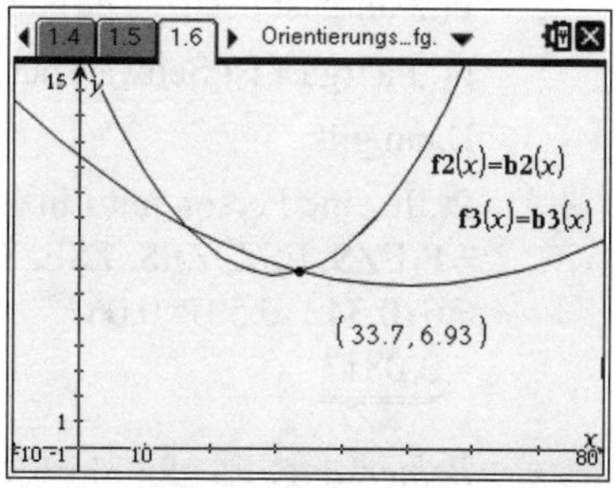

Der Schnittpunkt der Graphen von b_2 und b_3 befindet sich für $v > 25\ \frac{km}{h}$ an der Stelle $\underline{v \approx 34\ \frac{km}{h}}$.

Bei etwa dieser Geschwindigkeit sollte man in den 3. Gang schalten, da ab hier der Graph von b_3 unterhalb des Graphen von b_2 verläuft.

e) Eine Funktionsgleichung einer quadratischen Funktion b_4 für den Verbrauch im 4. Gang lässt sich am schnellsten durch eine quadratische Regression ermitteln.

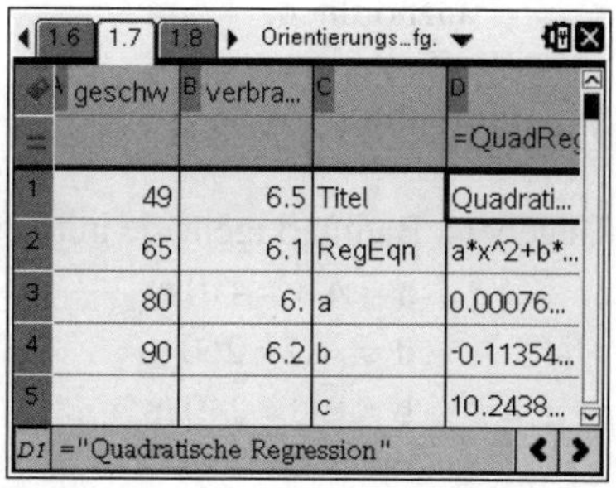

$b_4(v) \approx 0{,}0008v^2 - 0{,}11v + 10{,}24$

2. a) Aus der Darstellung lässt sich ablesen, dass ca. 58 % einen Pkw benutzen und somit ca. 42 % keinen Pkw benutzen.

b) Folgende Wahrscheinlichkeiten kann man aus den Angaben aufstellen:

P(„Fahrgast besitzt eine Fahrkarte.“) = P(F) = 0,933

P(„Fahrgast ist Schwarzfahrer.“) = P(S) = 1 − P(F) = 0,067

Somit gilt:

P(A) = P(„Von drei Fahrgästen besitzt genau einer keine Fahrkarte.“)

$= P(FFS; FSF; SFF)$

$= 3 \cdot 0{,}933^2 \cdot 0{,}067$

$\approx 0{,}1750$

P(B) = P(„Von 20 kontrollierten Fahrgästen hatten alle eine gültige Fahrkarte.“)

$= 0{,}933^{20}$

$\approx 0{,}2498$

c) Hier gelten die folgenden Wahrscheinlichkeiten:

P(„Fahrgast besitzt Einzelfahrkarte.“) = P(E) = 0,342

P(„Fahrgast besitzt Zeitfahrkarte.“) = P(Z) = 0,591

P(„Fahrgast ist Schwarzfahrer.“) = P(S) = 0,067

Dann gilt:

P(„Je eine Person mit Einzel-, Zeit- und ohne Fahrkarte.“)

$= P(EZS, ESZ, ZES, ZSE, SEZ, SZE)$

$= 6 \cdot 0{,}342 \cdot 0{,}591 \cdot 0{,}067$

$\approx 0{,}0813$

Bemerkung: Es gibt 3! = 6 verschiedene Möglichkeiten, diese drei Personen anzuordnen.

Wahlaufgabe 2

Gegeben: Baumarktgelände mit Erweiterung

$a = \overline{AB} = 410\text{ m}$

$d = \overline{AD} = 260\text{ m}$

$b = \overline{BC} = 240\text{ m}$

$\sphericalangle CBA = 56{,}3° = \beta$

Skizze (nicht maßstäblich):

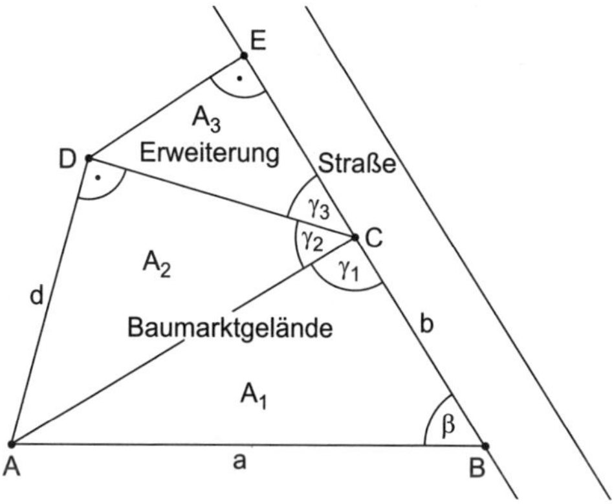

a) Gesucht: Länge der Strecke $\overline{AC}$
Flächeninhalt des Außengeländes nach Erweiterung

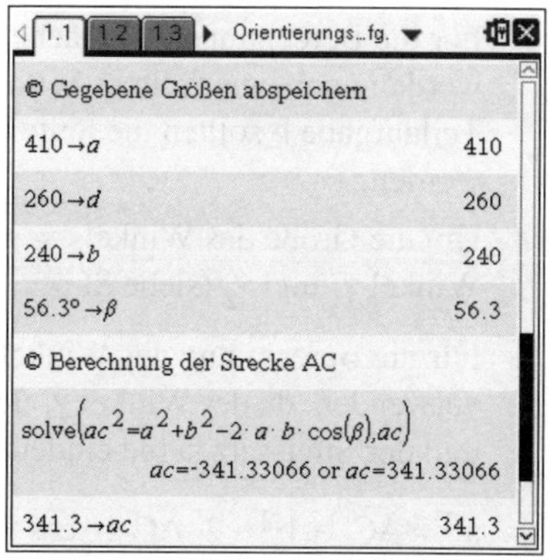

Die Länge der Strecke $\overline{AC}$ berechnet man mit dem Kosinussatz im Dreieck ABC.

$$\overline{AC}^2 = a^2 + b^2 - 2 \cdot a \cdot b \cdot \cos\beta$$

$$\overline{AC}^2 = (410\text{ m})^2 + (240\text{ m})^2 - 2 \cdot 410\text{ m} \cdot 240\text{ m} \cdot \cos 56{,}3°$$

$$\underline{\underline{\overline{AC} \approx 341{,}3\text{ m}}}$$

Die Länge der Strecke $\overline{AC}$ beträgt etwa 341,3 m.

Der Flächeninhalt A des Außengeländes nach der Erweiterung wird durch die Dreiecksflächen A_1, A_2 und A_3 gebildet.

Der Flächeninhalt A_1 des Dreiecks ABC kann bereits berechnet werden.

$$A_1 = \frac{1}{2} \cdot a \cdot b \cdot \sin\beta$$

$$A_1 = \frac{1}{2} \cdot 410\text{ m} \cdot 240\text{ m} \cdot \sin 56{,}3°$$

$$\underline{A_1 \approx 40\,932\text{ m}^2}$$

Um den Flächeninhalt A_2 des rechtwinkligen Dreiecks ACD zu berechnen, benötigt man noch die Länge der Kathete $\overline{CD}$.
Diese kann man z. B. mit dem Satz des Pythagoras berechnen.

$$\overline{CD}^2 = \overline{AC}^2 - d^2$$

$$\overline{CD}^2 = (341{,}3\ \text{m})^2 - (260\ \text{m})^2$$

$$\underline{\overline{CD} \approx 221{,}1\ \text{m}}$$

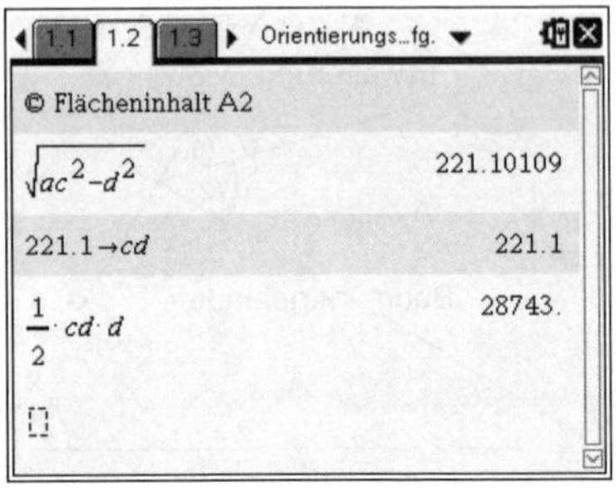

$$A_2 = \frac{1}{2} \cdot \overline{CD} \cdot d$$

$$A_2 = \frac{1}{2} \cdot 221{,}1\ \text{m} \cdot 260\ \text{m}$$

$$\underline{A_2 \approx 28\,743\ \text{m}^2}$$

Für die Berechnung des Flächeninhaltes A_3 des rechtwinkligen Dreiecks DCE werden noch eine weitere Seite und ein Winkel benötigt. In Ausblick auf die Teilaufgabe b sollten die Seite $\overline{CE}$ und der Winkel $\sphericalangle ECD = \gamma_3$ berechnet werden.

Um die Größe des Winkels γ_3 zu berechnen, benötigt man die Größen der Winkel γ_1 und γ_2 (siehe Skizze), da $\gamma_3 = 180° - \gamma_1 - \gamma_2$.

Für die Berechnung des Winkels γ_1 muss man den Kosinussatz im Dreieck ABC verwenden, da der Winkel γ_1 der größten Seite im Dreieck ABC gegenüberliegt und der Sinussatz keine eindeutige Lösung liefert.

$$a^2 = \overline{AC}^2 + b^2 - 2 \cdot \overline{AC} \cdot b \cdot \cos\gamma_1$$

$$\Rightarrow \underline{\gamma_1 \approx 87{,}9°}$$

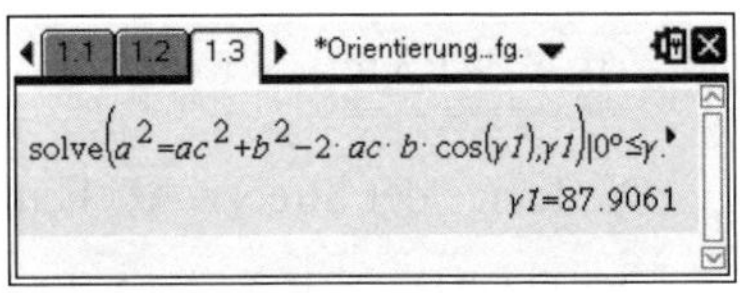

Bemerkung: Alternativ kann der Winkel $\sphericalangle BAC$ mit dem Sinussatz berechnet werden und die Größe von γ_1 ergibt sich aus der Innenwinkelsumme.

Die Größe des Winkels γ_2 berechnet man mittels der Winkelbeziehungen im rechtwinkligen Dreieck ACD, z. B.:

$$\sin\gamma_2 = \frac{d}{\overline{AC}}$$

$$\Rightarrow \underline{\gamma_2 \approx 49{,}6°}$$

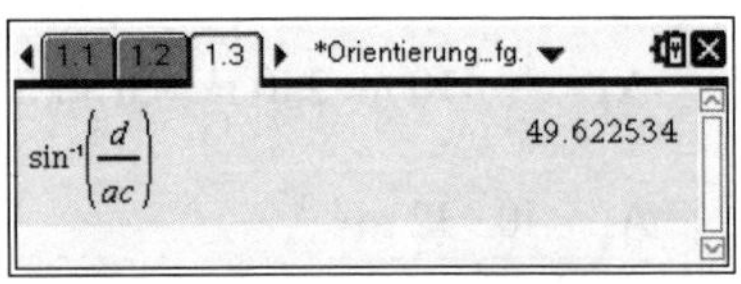

Somit ist:

$\gamma_3 = 180° - \gamma_1 - \gamma_2$

$\underline{\gamma_3 \approx 42{,}5°}$

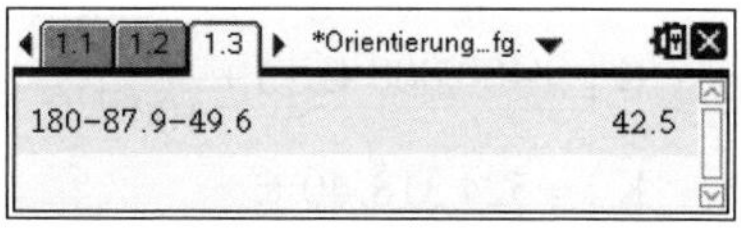

Und:

$$\cos\gamma_3 = \frac{\overline{CE}}{\overline{CD}}$$

$$\overline{CE} = \overline{CD} \cdot \cos\gamma_3$$

$$\overline{CE} = 221{,}1\ \text{m} \cdot \cos 42{,}5°$$

$$\underline{\overline{CE} \approx 163{,}0\ \text{m}}$$

$$A_3 = \frac{1}{2} \cdot \overline{CD} \cdot \overline{CE} \cdot \sin\gamma_3$$

$$\underline{A_3 \approx 12\,174\ \text{m}^2}$$

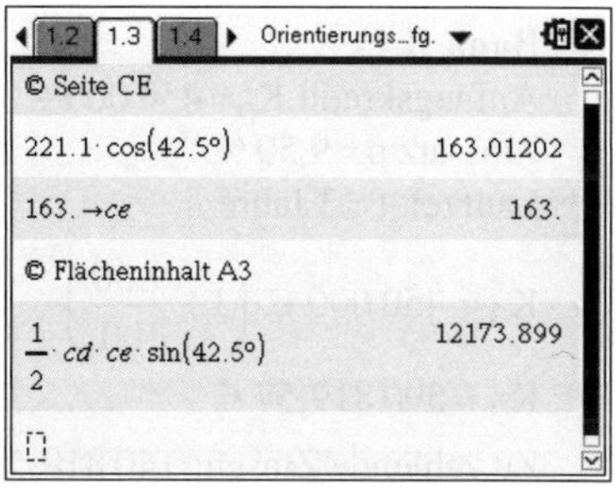

Der gesuchte Flächeninhalt A hat somit eine Größe von:

$A = A_1 + A_2 + A_3$

$A = 40\,932\ \text{m}^2 + 28\,743\ \text{m}^3 + 12\,174\ \text{m}^2$

$A = 81\,849\ \text{m}^2$

$\underline{\underline{A \approx 82\,000\ \text{m}^2}}$

b) Den prozentualen Zuwachs ermittelt man z. B. über folgende Verhältnisgleichung:

$$\frac{\overline{BC}}{100\ \%} = \frac{\overline{CE}}{x}$$

$\Rightarrow \underline{\underline{x \approx 68\ \%}}$

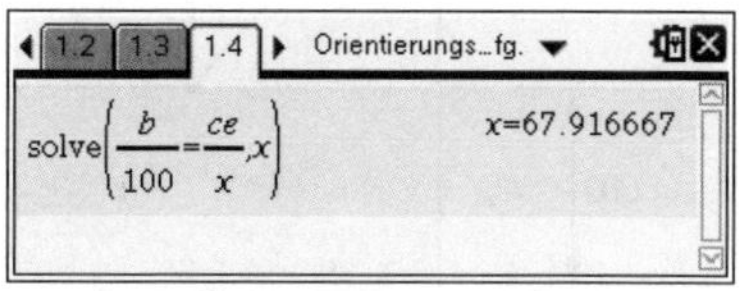

c) Um die Angebote der beiden Banken hinsichtlich der zu zahlenden Zinsen vergleichen zu können, müssen die Kreditzinsen nach der gesamten Laufzeit berechnet werden. Es liegt ein exponentielles Wachstum vor.

$$K_t = K_0 \cdot \left(1 + \frac{p}{100}\right)^t$$

K_t … Kredit nach t Jahren
K_0 … Anfangskredit
p … Zinssatz
t … Laufzeit in Jahren

Bank A

Anfangskredit $K_0 = 400\,000$ €
Zinssatz $p = 7{,}00\ \%$
Laufzeit $t = 4$ Jahre

$$K_4 = 400\,000\,€ \cdot \left(1+\frac{7}{100}\right)^4$$

$K_4 \approx 524\,318{,}40\,€$

Zu zahlende Zinsen: $\underline{124\,318{,}40\,€}$

Bank B

Anfangskredit $K_0 = 450\,000\,€$
Zinssatz $p = 9{,}50\,\%$
Laufzeit $t = 3$ Jahre

$$K_3 = 450\,000\,€ \cdot \left(1+\frac{9{,}50}{100}\right)^3$$

$K_3 \approx 590\,819{,}57\,€$

Zu zahlende Zinsen: $\underline{140\,819{,}57\,€}$

Betrachtet man hierbei nur die Höhe der zu zahlenden Zinsen, so ist das Angebot der Bank A günstiger.

d) Rinnsteine aus Beton mit einer Länge von 80 cm

Skizze: Maßangaben in mm

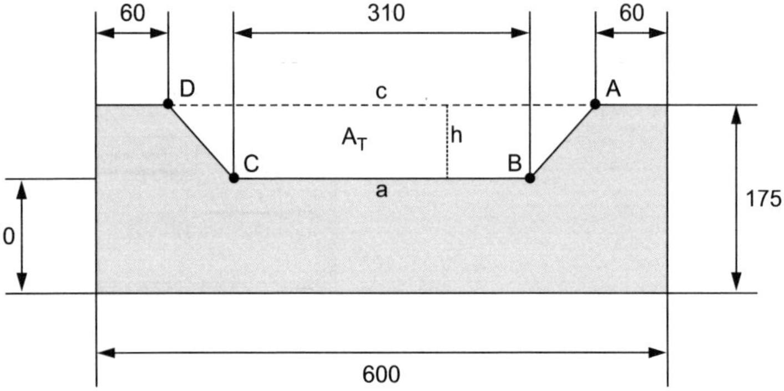

(Skizze nicht maßstäblich)

Gesucht: Volumen V des Rinnsteins

Dafür ist es notwendig, die Querschnittsfläche A zu berechnen. Geeignet erscheint es, aus einem Rechteck mit dem Flächeninhalt A_R eine Trapezfläche mit dem Flächeninhalt A_T herauszuschneiden mit: $A = A_R - A_T$

Dabei gilt:

$A_R = 600\text{ mm} \cdot 175\text{ mm}$

$A_R = 105\,000\text{ mm}^2$

$\underline{A_R = 1\,050\text{ cm}^2}$

$$A_T = \frac{1}{2}(a + c) \cdot h$$

$$A_T = \frac{1}{2}(310\ \text{mm} + 480\ \text{mm}) \cdot 65\ \text{mm}$$

$$A_T = 25\,675\ \text{mm}^2$$

$$\underline{A_T = 256{,}75\ \text{cm}^2}$$

$a = 310$ mm

$c = 600\ \text{mm} - 2 \cdot 60\ \text{mm}$
$c = 480$ mm

$h = 175\ \text{mm} - 110\ \text{mm}$
$h = 65$ mm

Die Querschnittsfläche beträgt $\underline{A = 793{,}25\ \text{cm}^2}$.

Berechnung des Volumens eines Rinnsteins:
$V = A \cdot \ell$
$V = 793{,}25\ \text{cm}^2 \cdot 80\ \text{cm}$
$\underline{\underline{V = 63\,460\ \text{cm}^3}}$

e) Die zu ermittelnde Gleichung der Parabel ist von der Wahl des rechtwinkligen Koordinatensystems abhängig. Eine mögliche Darstellung wird hier betrachtet.

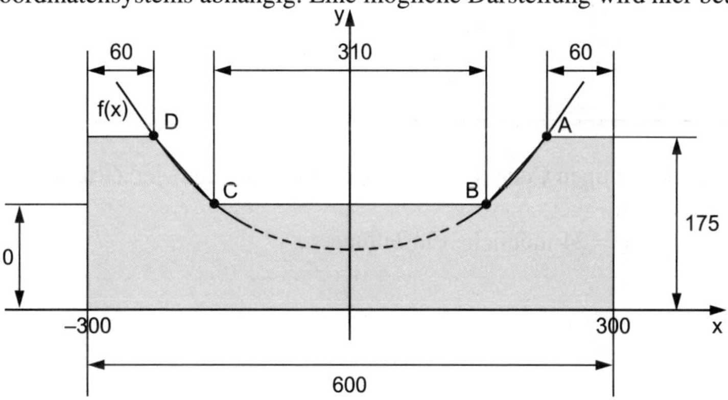

Man erhält somit die folgenden Koordinaten:
A(240 | 175)
B(155 | 110)
C(–155 | 110)
D(–240 | 175)

Rechnerische Lösung mittels Lösung eines Gleichungssystems
Der Graph der Funktion ist eine achsensymmetrische Parabel $y = f(x) = ax^2 + c$.

(I) $175 = 240^2 \cdot a + c$

(II) $110 = 155^2 \cdot a + c$

$$\Rightarrow \; a = \frac{13}{6\,715}, \quad c = \frac{85\,265}{1\,343}$$

$$y = f(x) = \frac{13}{6\,715}x^2 + \frac{85\,265}{1\,343}$$

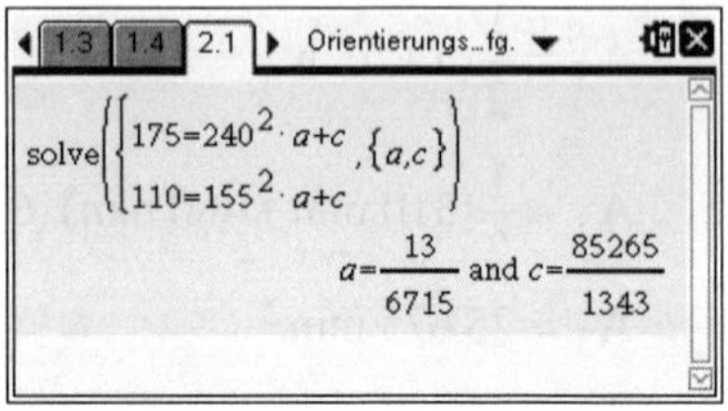

Oder: Ermitteln der Gleichung durch Regression

$y = f(x) = 0{,}0019x^2 + 63{,}49$

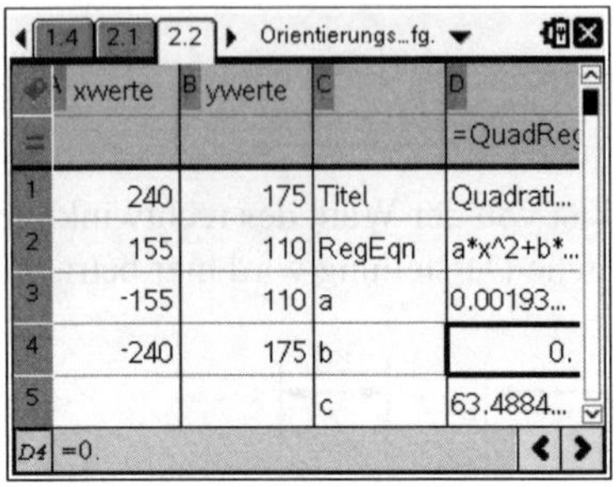

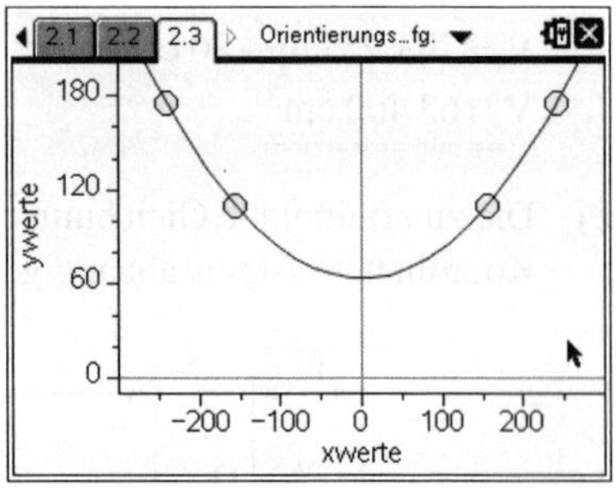

f) Bei dem vierstelligen Code des Zahlenschlosses sind alle vier Ziffern 2, 4, 6 und 8 zu verwenden.
Somit gibt es $\underline{4! = 24}$ mögliche Einstellungen.

Besondere Leistungsfeststellung Thüringen 10. Klasse Mathematik 2010

Pflichtaufgabe

a) Von einem geraden vierseitigen Prisma (siehe Skizze) sind bekannt:

$\overline{EF} = 18{,}0\text{ cm}$

$\overline{FG} = 10{,}0\text{ cm}$

$\overline{GH} = 12{,}0\text{ cm}$

$\overline{EH} = 13{,}0\text{ cm}$

$\overline{BF} = 3{,}7\text{ cm}$

$\sphericalangle FEH = 53°$

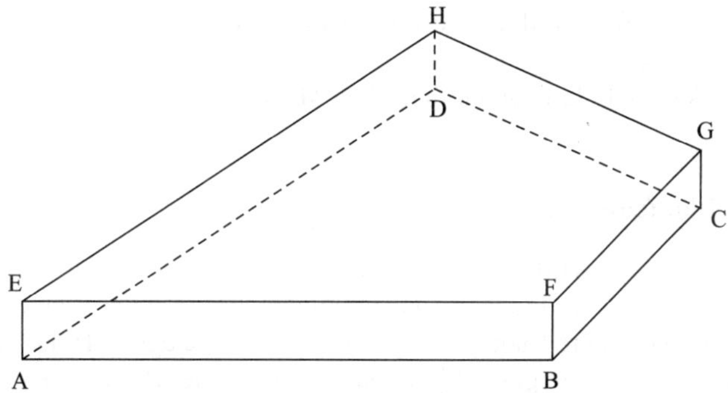

(Skizze nicht maßstäblich)

Berechnen Sie die Größe der Mantelfläche!
Berechnen Sie die Längen der Flächendiagonale $\overline{HF}$ und der Raumdiagonale $\overline{DF}$! (6 BE)

b) Gegeben ist eine Funktion f durch die Gleichung
$y = f(x) = 2\sqrt{x-1}\quad (x \in \mathbb{R})$.
Zeichnen Sie den Graphen der Funktion f in ein geeignetes Koordinatensystem!
Geben Sie den maximalen Definitionsbereich der Funktion f an!
Ermitteln Sie eine Gleichung der zugehörigen Umkehrfunktion $\overline{f}$!
Geben Sie den Definitionsbereich der Umkehrfunktion $\overline{f}$ an! (5 BE)

c) Nach gemeinsamem Start kommen die vier 100-m-Läufer A, B, C und D zu unterschiedlichen Zeiten ins Ziel.
Wie viele Möglichkeiten gibt es für den Zieleinlauf?
Wie viele Möglichkeiten gibt es für den Zieleinlauf, wenn A als Letzter eintrifft?
Wie viele Möglichkeiten gibt es für den Zieleinlauf, wenn A besser platziert ist als B?

Mit einer Wahrscheinlichkeit von 60 % kommt A als Erster ins Ziel. Wenn A nicht Erster wird, kommt B mit einer Wahrscheinlichkeit von 70 % als Erster ins Ziel. Mit welcher Wahrscheinlichkeit kommt weder A noch B als Erster ins Ziel? (5 BE)

d) Befragt nach dem Anteil von Jungen und Mädchen in seiner Klasse sagt Max:
„Die dreifache Jungenanzahl vermehrt um die doppelte Mädchenanzahl ergibt 69. Die doppelte Jungenanzahl vermindert um die Mädchenanzahl ergibt 11."
Wie viele Jungen und wie viele Mädchen sind in seiner Klasse? (4 BE)

Wahlaufgabe A1

In einer Stadt wird auf dem ebenen Marktplatz ein 18 m hoher Maibaum aufgestellt. Es wird zur Vereinfachung angenommen, dass sich der Baum beim Aufrichten nicht biegt. Das untere Ende wurde in eine drehbar gelagerte Hülse H geschoben.
Die Abbildung zeigt die Situation, in der sich der Punkt B in einer Höhe von 1,8 m befindet.

$\overline{HS} = 18{,}0\text{ m}$

$\overline{HB} = 10{,}0\text{ m}$

$\overline{BF} = 1{,}8\text{ m}$

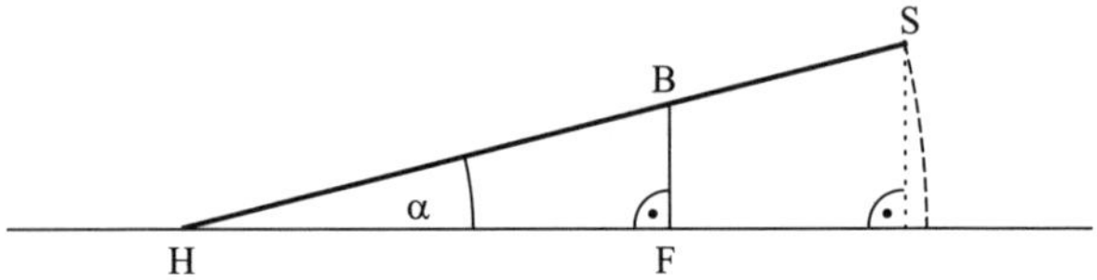

(Skizze nicht maßstäblich)

a) Weisen Sie nach, dass der Neigungswinkel $\alpha \approx 10{,}4°$ beträgt! (2 BE)

b) Wie weit ist die Spitze S des Baumes vom Boden entfernt? (2 BE)

Von einer Seilwinde W wird ein 30 m langes Seil im Punkt B befestigt und straff gespannt.

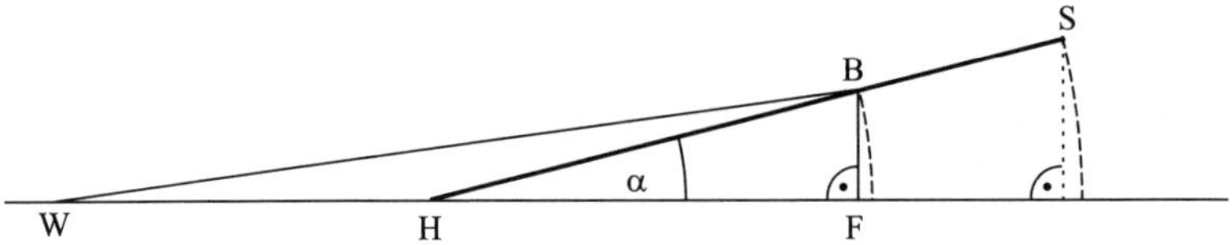

(Skizze nicht maßstäblich)

c) Berechnen Sie die Entfernung der Hülse H von der Winde W!
(Kontrollergebnis: $\overline{WH} \approx 20{,}1\text{ m}$) (3 BE)

d) Das Seil wird mithilfe der Winde 5 Meter eingezogen. Berechnen Sie die Größe des Winkels, unter dem der Maibaum nun gegenüber dem Erdboden geneigt ist! (3 BE)

$\overline{WB} = 30,0\text{ m}$

$\overline{HS} = \overline{HS'} = 18,0\text{ m}$

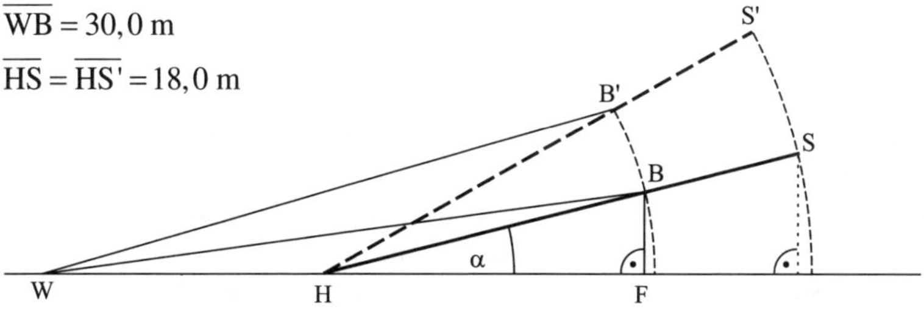

(Skizze nicht maßstäblich)

e) Berechnen Sie die Länge des zurückgelegten Weges der Spitze S des Baumes vom Boden bis zum vollständigen Aufstellen! (2 BE)

f) Der Stamm des Maibaumes kann näherungsweise als Zylinder mit einem mittleren Durchmesser von 16 cm betrachtet werden.

Das Holz hat eine Dichte von $\rho = 0,7\ \frac{\text{g}}{\text{cm}^3}$.

Berechnen Sie die Masse des Stamms in Kilogramm! (3 BE)

g) Als der Baum gepflanzt wurde, war er 20 cm groß. Sechzig Jahre später ist er 18 m hoch. Ein Schüler nimmt an, dass die Höhe des Baumes in jedem Jahr um den gleichen Prozentsatz zunahm.
Berechnen Sie unter dieser Annahme das jährliche Höhenwachstum in Prozent!
(Kontrollergebnis: $p = 7,8\ \%$)
Nach wie vielen Jahren hätte er nach dieser Annahme eine Höhe von 9 m erreicht?
Nehmen Sie Stellung zur Annahme dieses Schülers! (5 BE)

Wahlaufgabe A2

1. Gegeben sind die Funktionen f und g durch die Gleichungen $y = f(x) = \sin x$ und $y = g(x) = -2 \sin x$ für $x \in \mathbb{R}$.

   a) Beschreiben Sie, wie der Graph von g aus dem Graphen von f hervorgeht!

Zeichnen Sie die Graphen von f und g in ein und dasselbe Koordinatensystem im Intervall $0 \le x \le 3\pi$!
(Hinweis: 1 Längeneinheit entspricht 1 cm.)
Geben Sie den Wertebereich der Funktion g an! (4 BE)

b) Ermitteln Sie im Intervall $0 \le x \le 3\pi$ alle Werte von x, für die $g(x) = -\sqrt{3}$ gilt! (3 BE)

c) Durch die Punkte $P\left(\frac{\pi}{2}; g\left(\frac{\pi}{2}\right)\right)$ und $Q\left(\frac{3}{2}\pi; -1\right)$ verläuft eine lineare Funktion h.
Zeigen Sie rechnerisch, dass der Graph von h die Koordinatenachsen in den Punkten R(2,5π; 0) und S(0; –2,5) schneidet!
Berechnen Sie den Winkel zwischen dem Graphen von h und der x-Achse! (4 BE)

d) Der Graph von h und die Koordinatenachsen bilden ein Dreieck. Das Dreieck rotiert um die x-Achse.
Ermitteln Sie das Volumen des entstehenden Kreiskegels! (2 BE)

e) Es ist $f_t(x) = \sin x + t \quad (x \in \mathbb{R})$.
Beschreiben Sie den Einfluss von t auf den Verlauf des Graphen der Funktion!
Für welchen Wert von t haben die Graphen der Funktionen g und f_t im Intervall $0 \le x \le 3\pi$ genau einen gemeinsamen Punkt? (2 BE)

2. Zum einjährigen Bestehen eines Supermarktes erhält jeder Kunde an der Kasse ein Los.

a) Bei Ladenöffnung liegen 100 Lose im Körbchen. Darunter sind 40 Nieten und 60 Preise.
Mit welcher Wahrscheinlichkeit gehen die ersten drei Kunden leer aus?
Mit welcher Wahrscheinlichkeit erhält der 2. Kunde einen Preis? (3 BE)

b) Im Supermarkt werden Kugelschreiber verkauft, die mit einer Wahrscheinlichkeit von $p = 0{,}05$ defekt sind.
Ein Kunde kauft 3 Stück.
Mit welcher Wahrscheinlichkeit sind mindestens zwei davon in Ordnung? (2 BE)

Tipps und Hinweise zu den Lösungen

Pflichtaufgabe

a)

Unterscheiden Sie zwischen Oberflächeninhalt und Mantelfläche eines Prismas.

Die Mantelfläche ist der Flächeninhalt aller Seitenflächen, also der Oberflächeninhalt ohne die Flächeninhalte der Grundfläche und der kongruenten Deckfläche.

Die Mantelfläche dieses Prismas besteht aus 4 Rechteckflächen der gleichen Breite.

Zeichnen Sie in Ihre Skizze unbedingt die Flächendiagonale $\overline{HF}$ und die Raumdiagonale $\overline{DF}$ ein, um deren Lage zu erkennen. Deuten Sie diese Strecken als Seiten bekannter Dreiecke.

b)

Beginnen Sie mit der Bestimmung des Definitionsbereiches der Funktion f.

Beachten Sie, dass bei Wurzeln der Radikand (Term unter der Wurzel) nicht negativ werden darf.

Für die Zeichnung des Graphen der Funktion ist eine Wertetabelle erforderlich. Die Schablone für den Graphen der Funktion x^2 kann im ursprünglichen Koordinatensystem nicht benutzt werden, da die Wurzelfunktion durch den Parameter 2 gestreckt wird.

Eine Gleichung der Umkehrfunktion $\overline{f}$ erhält man, wenn man die Gleichung der Ausgangsfunktion f nach x umstellt und dann die Variablen x und y vertauscht.

Der Definitionsbereich der Umkehrfunktion $\overline{f}$ entspricht dem Wertebereich der Funktion f. Dieser kann aus der grafischen Darstellung der Funktion f abgelesen werden.

c)

Frischen Sie Ihre Kenntnisse über die Anordnung von k Elementen ohne Wiederholung auf.

Notieren Sie jeweils die Anzahl der Möglichkeiten, dass Läufer A den ersten, zweiten oder dritten Platz belegt und Läufer B nach ihm ins Ziel kommt. Bilden Sie dann die Summe.

Falls Ihnen das nicht gelingt, nutzen Sie ein Baumdiagramm und zählen Sie die entsprechenden Möglichkeiten.

Rechnen Sie bei der letzten Teilaufgabe mit den Wahrscheinlichkeiten der Komplementärereignisse (Gegenereignisse).

d)

- Bilden Sie ein Gleichungssystem bestehend aus zwei Gleichungen und der jeweils unbekannten Anzahl der Jungen und Mädchen der Klasse.
- Wiederholen Sie Ihre Kenntnisse zu den Lösungsverfahren von Gleichungssystemen.

Wahlaufgabe A1

a) und b)

- Kennzeichnen Sie in der Skizze die vorhandenen rechtwinkligen Dreiecke und berechnen Sie den gesuchten Winkel bzw. die gesuchte Seite mit dem Sinus im rechtwinkligen Dreieck.

c)

- Betrachten Sie die Entfernung von H zu W als eine Seite im Dreieck WHB.
- Berechnen Sie die Innenwinkel im Dreieck WHB und nutzen Sie den Sinussatz, um die Seite $\overline{WH}$ zu berechnen.
- Ein Innenwinkel liegt im rechtwinkligen Dreieck WFB, ein anderer ist Nebenwinkel von α.

d)

- Fertigen Sie unbedingt eine Skizze an und tragen Sie den gesuchten Winkel α' ein.
- Der gesuchte Winkel α' ist Nebenwinkel des Winkels $\beta' = \sphericalangle B'HW$.
- Berechnen Sie den Winkel β' mit dem Kosinussatz im Dreieck WHB'.

e)

- Bedenken Sie, dass sich die Spitze S des Maibaumes auf einer Kreisbahn mit dem Mittelpunkt H bewegt.
- Bis zum Senkrechtstehen wird ein Viertel des Kreisumfanges zurückgelegt.

f)

- Stellen Sie die Formel zur Berechnung der Dichte eines Stoffes nach der Masse m um.
- Berechnen Sie das Volumen des Stamms mit der Formel zur Berechnung des Volumens eines Zylinders. Beachten Sie unbedingt die Umrechnung der Einheiten.

g)

- Bei diesem Wachstum liegt ein exponentielles Wachstum vor.
- Stellen Sie die Wachstumsgleichung auf und stellen Sie diese nach p um.

- Setzen Sie nun die gegebenen Werte erneut in die Wachstumsgleichung ein und lösen Sie die erhaltene Exponentialgleichung. Wenden Sie dabei die Logarithmengesetze an.
- Denken Sie daran, dass beim exponentiellen Wachstum eine rasche Zunahme der Funktionswerte erfolgt.
- Vergleichen Sie diese Zunahme mit dem Höhenwachstum von Bäumen nach etwa 50 Jahren.

Wahlaufgabe A2

1 a)

- Wiederholen Sie Ihre Kenntnisse über die Eigenschaften der Sinusfunktion und den Einfluss des Parameters a auf den Graphen der Funktion $y = a \cdot \sin x$.
- Benutzen Sie für die grafische Darstellung eine Kurvenschablone. Fertigen Sie gegebenenfalls eine Wertetabelle an und benutzen Sie Ihre Kenntnisse über den Parameter a.

1 b)

- Lösen Sie die entsprechende Gleichung und beachten Sie die Periodizität der Sinusfunktion.

1 c)

- Verschaffen Sie sich einen Überblick über die Ihnen bekannten Möglichkeiten, aus der Angabe der Koordinaten von zwei verschiedenen Punkten die Funktionsgleichung der zugehörigen linearen Funktion zu bestimmen.
- Bestätigen Sie durch Einsetzen die Richtigkeit der vorgegebenen Koordinaten. Da es sich um Punkte eines Graphen einer linearen Funktion handelt, kann es zu einem x nur genau ein y geben.
- Fertigen Sie zur Berechnung des Winkels eine Skizze an und erkennen Sie das rechtwinklige Dreieck, welches der Graph der linearen Funktion mit den Koordinatenachsen einschließt.

1 d)

- Nutzen Sie nun die Skizze aus Teilaufgabe 1 c, um die entsprechenden Größen des Kreiskegels zu erkennen, und berechnen Sie dessen Volumen. Beachten Sie, dass es keine negativen Abmessungen dieses Körpers gibt.

1 e)

- Wiederholen Sie Ihre Kenntnisse über die Eigenschaften der Sinusfunktion und den Einfluss des Parameters t auf den Graphen der Funktion $y = \sin x + t$.

Betrachten Sie Ihre grafische Darstellung aus Teilaufgabe 1 a und verschieben Sie gedanklich den Graphen der Funktion f, sodass Sie nur einen gemeinsamen Punkt mit dem Graphen von g erhalten.

2 a)

Beschreiben Sie den Losvorgang durch einen Ziehungsvorgang ohne Zurücklegen.

Beachten Sie, dass bei jeder Entnahme eines Loses sich die Anzahl der Nieten oder der Preise und die Gesamtanzahl der Lose ändern.

Berücksichtigen Sie: Wenn der 2. Kunde einen Preis erhält, dann hat auch der erste Kunde ein Los gezogen.

2 b)

Entscheiden Sie, mit welcher Wahrscheinlichkeit p ein Kugelschreiber nicht defekt ist. Wählen Sie für „nicht defekt" die Bezeichnung $\bar{d}$.

Beachten Sie die Bedeutung von „mindestens zwei sind in Ordnung".

Lösungen

Pflichtaufgabe

a) Gegeben: gerades vierseitiges Prisma

$\overline{EF} = 18{,}0\text{ cm}$

$\overline{FG} = 10{,}0\text{ cm}$

$\overline{GH} = 12{,}0\text{ cm}$

$\overline{EH} = 13{,}0\text{ cm}$

$\overline{BF} = 3{,}7\text{ cm}$

$\sphericalangle FEH = 53° = \alpha$

Gesucht: Flächeninhalt der Mantelfläche
Längen der Flächendiagonale $\overline{HF}$ und der Raumdiagonale $\overline{DF}$

Skizze:

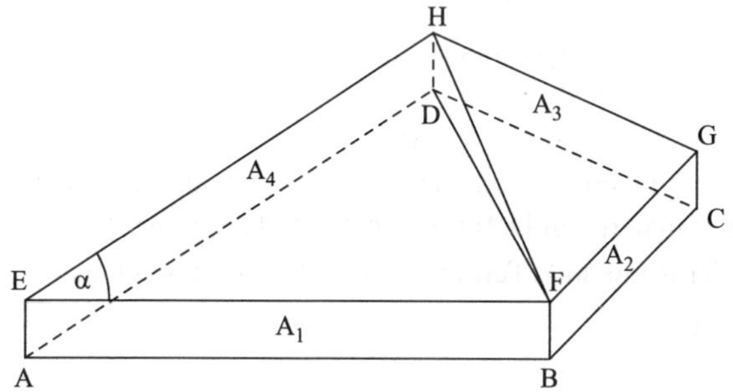

(Skizze nicht maßstäblich)

Der Flächeninhalt der Mantelfläche A_M besteht aus den Flächeninhalten der vier Rechtecke ABFE, BCGF, CDHG und DAEH. Diese Rechtecke haben die gleiche Breite $\overline{BF} = 3{,}7$ cm, die Längen sind alle gegeben.

$A_M = A_1 + A_2 + A_3 + A_4$

$A_M = \overline{EF} \cdot \overline{BF} + \overline{FG} \cdot \overline{BF} + \overline{GH} \cdot \overline{BF} + \overline{EH} \cdot \overline{BF}$

$A_M = 18{,}0\text{ cm} \cdot 3{,}7\text{ cm} + 10{,}0\text{ cm} \cdot 3{,}7\text{ cm} + 12{,}0\text{ cm} \cdot 3{,}7\text{ cm} + 13{,}0\text{ cm} \cdot 3{,}7\text{ cm}$

$A_M = (18{,}0\text{ cm} + 10{,}0\text{ cm} + 12{,}0\text{ cm} + 13{,}0\text{ cm}) \cdot 3{,}7\text{ cm}$

$A_M = 53{,}0\text{ cm} \cdot 3{,}7\text{ cm}$

$\underline{\underline{A_M = 196{,}1\text{ cm}^2}}$

Die Größe der Mantelfläche beträgt 196,1 cm².

Die Länge der Flächendiagonale $\overline{HF}$ berechnet man mit dem Kosinussatz im Dreieck EFH.

$$\overline{HF}^2 = \overline{EH}^2 + \overline{EF}^2 - 2 \cdot \overline{EH} \cdot \overline{EF} \cdot \cos \sphericalangle FEH$$

$$\overline{HF}^2 = (13{,}0\ \text{cm})^2 + (18{,}0\ \text{cm})^2 - 2 \cdot 13{,}0\ \text{cm} \cdot 18{,}0\ \text{cm} \cdot \cos 53°$$

$$\underline{\underline{\overline{HF} \approx 14{,}5\ \text{cm}}}$$

Die Flächendiagonale ist 14,5 cm lang.

Die Raumdiagonale $\overline{DF}$ entspricht der Hypotenuse im rechtwinkligen Dreieck DFH, wobei der rechte Winkel von der Flächendiagonalen $\overline{HF}$ und der Höhe des Prismas $\overline{DH} = \overline{BF}$ eingeschlossen wird.

Nach dem Satz des Pythagoras gilt:

$$\overline{DF}^2 = \overline{HF}^2 + \overline{DH}^2, \quad \overline{DH} = \overline{BF}$$

$$\overline{DF}^2 = (14{,}5\ \text{cm})^2 + (3{,}7\ \text{cm})^2$$

$$\underline{\underline{\overline{DF} \approx 15{,}0\ \text{cm}}}$$

Die Raumdiagonale $\overline{DF}$ hat eine Länge von 15,0 cm.

b) Gegeben: $y = f(x) = 2\sqrt{x-1}; \quad x \in \mathbb{R}$

Vor dem Anfertigen einer Wertetabelle zum Zeichnen des Graphen der Funktion f bestimmt man deren Definitionsbereich. Hier muss gelten:

$x - 1 \geq 0$, da der Radikand (Term unter der Wurzel) nicht negativ werden darf.

$$x - 1 \geq 0 \quad |+1$$

$$\underline{x \geq 1}$$

Definitionsbereich $DB = \{x: x \geq 1; \ x \in \mathbb{R}\}$

Wertetabelle:

x	1	2	3	4	5	10
$f(x) = 2\sqrt{x-1}$	0	2	2,8	3,5	4	6

Grafische Darstellung:

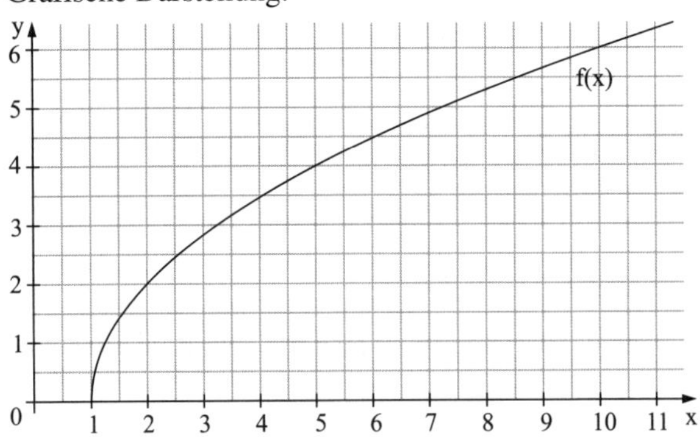

Gleichung der Umkehrfunktion $\overline{f}$:

$$\begin{aligned}
f(x):\quad y &= 2\sqrt{x-1} && |:2\\
\frac{1}{2}y &= \sqrt{x-1} && |()^2\\
\frac{1}{4}y^2 &= x-1 && |+1\\
x &= \frac{1}{4}y^2+1 && |\text{Vertauschen der Variablen}\\
y &= \frac{1}{4}x^2+1 = \overline{f}(x)
\end{aligned}$$

Der Definitionsbereich der Umkehrfunktion $\overline{f}$ entspricht dem Wertebereich der Funktion f.

$DB_{\overline{f}} = \{x: x \geq 0;\ x \in \mathbb{R}\}$

Hierbei muss man beachten, dass der Definitionsbereich von $\overline{f}$ nicht mit dem Definitionsbereich der Funktion $y = \frac{1}{4}x^2+1$ übereinstimmt. Denn diese quadratische Funktion ist in ihrem gesamten Definitionsbereich $x \in \mathbb{R}$ nicht eineindeutig bzw. streng monoton (steigend o. fallend) und somit nicht umkehrbar. Diese quadratische Funktion besitzt nur für $x \geq 0$ die Umkehrfunktion $\overline{f}(x) = 2\sqrt{x-1}$.

c) Für den Zieleinlauf der vier Läufer gibt es $4! = 4 \cdot 3 \cdot 2 \cdot 1 = \underline{\underline{24}}$ Möglichkeiten. Falls Läufer A als Letzter eintrifft, gibt es nur noch $3! = 3 \cdot 2 \cdot 1 = \underline{\underline{6}}$ Möglichkeiten für den Zieleinlauf.
Um die Anzahl der Möglichkeiten zu ermitteln, dass beim Zieleinlauf Läufer A besser platziert ist als Läufer B, können die folgenden Überlegungen helfen.

1. A wird Erster, dann gibt es $3! = \underline{6}$ Möglichkeiten für den weiteren Zieleinlauf, und Läufer B kommt immer nach Läufer A ins Ziel.
2. A wird Zweiter und B darf nicht Erster werden. Somit muss Läufer C oder D gewinnen und für die Plätze drei und vier gibt es je 2 Möglichkeiten, also in diesem Fall insgesamt $\underline{4}$ weitere Möglichkeiten.
3. A wird Dritter und B muss Vierter werden. Hier gibt es $\underline{2}$ Möglichkeiten, da C und D für den ersten oder zweiten Platz infrage kommen.

Somit gibt es insgesamt $\underline{\underline{12}}$ Möglichkeiten, dass beim Zieleinlauf A besser platziert ist als B.

Anmerkung: Selbstverständlich kann man auch mittels Baumdiagramm die entsprechenden Zieleinläufe abzählen.

Läufer A gewinnt mit einer Wahrscheinlichkeit von P(A) = 0,60 und gewinnt mit $P(\overline{A}) = 0,40$ **nicht**.
Falls Läufer A nicht als Erster ins Ziel kommt, gewinnt Läufer B mit einer Wahrscheinlichkeit von P(B) = 0,70 und gewinnt mit $P(\overline{B}) = 0,30$ **nicht**.

Dies lässt sich durch nebenstehendes Baumdiagramm darstellen.

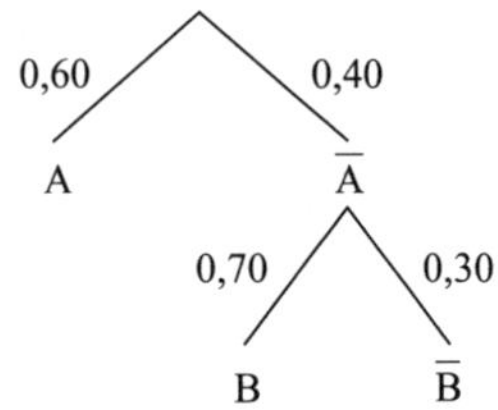

Mithilfe der Pfadregel erhält man nun die gesuchte Wahrscheinlichkeit, dass weder A noch B gewinnt:

$$P(\overline{A} \cap \overline{B}) = 0,40 \cdot 0,30$$
$$= \underline{\underline{0,12}}$$

d) Die Aussagen von Max zum Anteil der Jungen j und der Mädchen m können durch folgendes Gleichungssystem beschrieben werden.

(I) $3j + 2m = 69$
(II) $2j - m = 11$

Für die Lösung dieses Gleichungssystems gibt es verschiedene Verfahren. Geeignet ist das Additionsverfahren, welches hier benutzt wird.

Man multipliziert Gleichung (II) mit dem Faktor 2 und erhält:

(I) $3j + 2m = 69$
(II') $4j - 2m = 22$ (I) + (II') liefert

$7j = 91 \quad |:7$
$\underline{\underline{j = 13}}$

Nach Einsetzen von j = 13 in Gleichung (II) steht:

(II) $2 \cdot 13 - m = 11 \quad | + m - 11$
$\underline{\underline{m = 15}}$

In der Klasse sind 13 Jungen und 15 Mädchen.

Diese Lösung erhält man auch mit dem Einsetzungsverfahren, wenn man Gleichung (II) nach m umstellt und in Gleichung (I) einsetzt.

(II) $2j - m = 11 \quad | + m - 11$
$\underline{m = 2j - 11}$

in (I) $3j + 2(2j - 11) = 69$
$3j + \quad 4j - 22 = 69 \quad | + 22$
$7j = 91$
$j = 13$ und analog
$m = 15$

Wahlaufgabe A1

Das Aufstellen des Maibaums lässt sich durch folgende Skizze darstellen:

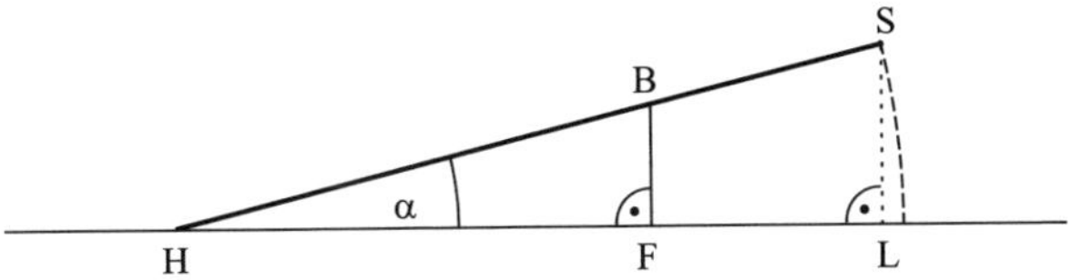

(Skizze nicht maßstäblich)

Gegeben: $\overline{HS} = 18,0\text{ m}$

$\overline{HB} = 10,0\text{ m}$

$\overline{BF} = 1,8\text{ m}$

a) Für die Berechnung des Neigungswinkels α nutzt man die Winkelbeziehungen im rechtwinkligen Dreieck HFB.

$$\sin\alpha = \frac{\overline{BF}}{\overline{HB}}$$

$$\sin\alpha = \frac{1,8\text{ m}}{10,0\text{ m}}$$

$$\underline{\underline{\alpha \approx 10,4°}}$$

Damit ist die Größe des Neigungswinkels α nachgewiesen.

b) Die Entfernung der Spitze S des Baumes vom Boden berechnet man mit den Winkelbeziehungen im rechtwinkligen Dreieck HLS.

$$\sin\alpha = \frac{\overline{SL}}{\overline{HS}}$$

$$\overline{SL} = \overline{HS} \cdot \sin\alpha$$

$$\overline{SL} = 18,0\text{ m} \cdot \sin 10,4°$$

$$\underline{\underline{\overline{SL} \approx 3,2\text{ m}}}$$

Die Spitze des Baumes ist etwa 3,2 m vom Boden entfernt.

c) Nun wird ein 30 m langes Seil am Baum im Punkt B befestigt und durch eine Seilwinde W straff gespannt.

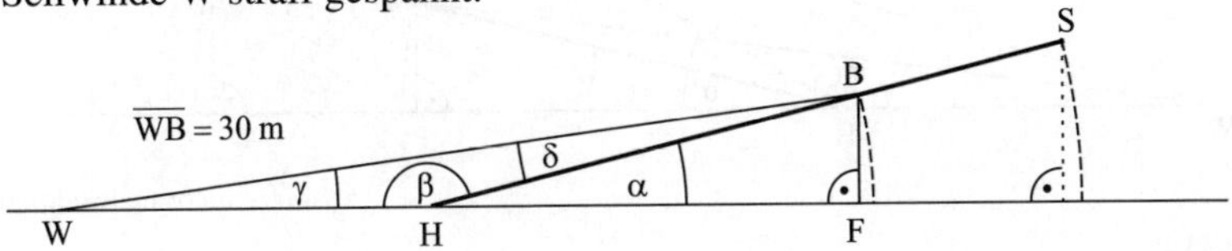

(Skizze nicht maßstäblich)

Die gesuchte Streckenlänge $\overline{WH}$ liegt im Dreieck WHB. Für ihre Berechnung nutzt man den Sinussatz und benötigt noch die Größen der Winkel $\sphericalangle WBH = \delta$ und $\sphericalangle BHW = \beta$.

Somit gilt:

$$\frac{\overline{WH}}{\sin\delta} = \frac{\overline{WB}}{\sin\beta}$$

$$\overline{WH} = \frac{\overline{WB} \cdot \sin\delta}{\sin\beta}$$

Berechnung der fehlenden Winkel:

1. $\alpha + \beta = 180°$ mit $\alpha \approx 10{,}4°$

   $\beta \approx 169{,}6°$

2. $\sin\gamma = \frac{\overline{BF}}{\overline{WB}}$

   $\sin\gamma = \frac{1{,}8 \text{ m}}{30 \text{ m}}$

   $\gamma \approx 3{,}44°$

3. $\beta + \gamma + \delta = 180°$

   $\delta \approx 6{,}96°$

Setzt man nun die berechneten Winkelgrößen ein, erhält man:

$$\overline{WH} = \frac{30 \text{ m} \cdot \sin 6{,}96°}{\sin 169{,}6°}$$

$$\overline{WH} \approx 20{,}1 \text{ m}$$

Die berechnete Länge stimmt mit dem Kontrollergebnis überein.

d) Nun wird das Seil mittels der Winde um 5 m eingezogen.

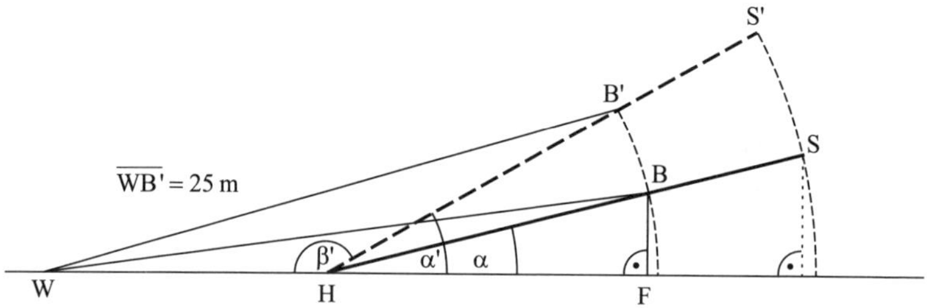

(Skizze nicht maßstäblich)

Gesucht ist jetzt der neue Neigungswinkel $\sphericalangle FHB' = \alpha'$.

Der Winkel α' ist der Nebenwinkel von β', es genügt also, den Winkel β' zu berechnen.
Den Winkel β' berechnet man mit dem Kosinussatz im Dreieck WHB'.

$$\overline{WB'}^2 = \overline{WH}^2 + \overline{HB'}^2 - 2 \cdot \overline{WH} \cdot \overline{HB'} \cdot \cos\beta' \quad | +2 \cdot \overline{WH} \cdot \overline{HB'} \cdot \cos\beta'$$

$$\overline{WB'}^2 + 2 \cdot \overline{WH} \cdot \overline{HB'} \cdot \cos\beta' = \overline{WH}^2 + \overline{HB'}^2 \quad | -\overline{WB'}^2$$

$$2 \cdot \overline{WH} \cdot \overline{HB'} \cdot \cos\beta' = \overline{WH}^2 + \overline{HB'}^2 - \overline{WB'}^2 \quad | : (2 \cdot \overline{WH} \cdot \overline{HB'})$$

$$\cos\beta' = \frac{\overline{WH}^2 + \overline{HB'}^2 - \overline{WB'}^2}{2 \cdot \overline{WH} \cdot \overline{HB'}} \quad \text{es gilt: } \overline{HB'} = \overline{HB}$$

$$\cos\beta' = \frac{(20{,}1\text{ m})^2 + (10{,}0\text{ m})^2 - (25\text{ m})^2}{2 \cdot 20{,}1\text{ m} \cdot 10{,}0\text{ m}}$$

$$\underline{\beta' \approx 107{,}5^\circ}$$

Damit gilt für den Winkel α':

$$\alpha' = 180^\circ - \beta'$$

$$\alpha' = 180^\circ - 107{,}5^\circ$$

$$\underline{\underline{\alpha' \approx 72{,}5^\circ}}$$

Der Maibaum ist jetzt um 72,5° gegenüber dem Erdboden geneigt.

e) Nach dem Aufstellen des Maibaumes steht dieser senkrecht auf dem Erdboden. Die Spitze des Maibaumes legt den Weg des Kreisbogens b eines Viertelkreises mit dem Radius $\overline{HS} = 18{,}0$ m zurück.

$$b = \frac{1}{4}u \qquad u = 2\pi r$$

$$b = \frac{1}{2}\pi r$$

$$b = \frac{1}{2}\pi \cdot 18{,}0\text{ m}$$

$$b = 9\pi\text{ m} \approx \underline{\underline{28{,}3\text{ m}}}$$

Die Spitze legt einen Weg von 28,3 m zurück.

f) Für die Dichte eines Stoffes gilt:

$$\rho = \frac{m}{V}$$

Da die Dichte von Holz gegeben ist, benötigt man das Volumen des Baumes, um mittels umgestellter Formel $m = \rho \cdot V$ die Masse berechnen zu können.

$V = \pi r^2 \cdot h$ mit $r = \frac{1}{2}d = 8\text{ cm} = 0{,}08\text{ m}$, $h = \overline{HS} = 18\text{ m}$

$V = \pi \cdot (0{,}08\text{ m})^2 \cdot 18\text{ m}$

$V \approx \underline{0{,}362\text{ m}^3} \approx \underline{362\,000\text{ cm}^3}$

$m = 0{,}7\,\frac{\text{g}}{\text{cm}^3} \cdot 362\,000\text{ cm}^3$

$\underline{\underline{m}} = 253\,400\text{ g} \approx \underline{\underline{250\text{ kg}}}$

Die Masse des Stamms beträgt etwa 250 kg.

g) Bei diesem Höhenwachstum geht man davon aus, dass ein exponentielles Wachstum vorliegt.

$H_n = H_0 \cdot \left(1 + \frac{p}{100}\right)^n$

H_n .... Höhe nach n Jahren
H_0 .... Anfangshöhe
p .... prozentuales Wachstum pro Jahr
n .... Anzahl der Jahre

Nach Einsetzen der Werte und Umstellen nach p erhält man:

$$18\text{ m} = 0{,}20\text{ m} \cdot \left(1 + \frac{p}{100}\right)^{60} \quad \Big|:0{,}20\text{ m}$$

$$90 = \left(1 + \frac{p}{100}\right)^{60} \quad \Big|\,(\ )^{\frac{1}{60}}$$

$$1{,}078 \approx 1 + \frac{p}{100} \quad \Big|-1$$

$$0{,}078 \approx \frac{p}{100} \quad \Big|\cdot 100$$

$$\underline{\underline{p \approx 7{,}8}}$$

Das jährliche Höhenwachstum beträgt damit 7,8 %, was mit dem Kontrollergebnis übereinstimmt.
Zur Berechnung der Anzahl der Jahre löst man folgende Gleichung:

$$9\text{ m} = 0{,}20\text{ m} \cdot \left(1 + \frac{7{,}8}{100}\right)^n \quad \Big|:0{,}20\text{ m}$$

$$45 = 1{,}078^n \quad \Big|\,\lg$$

$$\lg 45 = \lg 1{,}078^n \quad \Big|\text{ Anwendung Logarithmengesetze}$$

$$\lg 45 = n \cdot \lg 1{,}078 \quad \Big|:\lg 1{,}078$$

$$n = \frac{\lg 45}{\lg 1{,}078}$$

$$\underline{\underline{n \approx 51}}$$

Nach dieser Annahme des Schülers hätte der Baum nach 51 Jahren eine Höhe von 9 m erreicht.

Dieses Wachstumsmodell scheint nicht realistisch zu sein. Erfahrungsgemäß wachsen Bäume nur in den ersten Jahren sehr schnell und haben nach gewisser Zeit eine bestimmte Höhe erreicht. So ist nicht anzunehmen, dass dieser Baum nach 51 Jahren 9 m hoch ist und nach weiteren 9 Jahren seine Höhe verdoppelt. Es ist eher davon auszugehen, dass er bereits viel früher eine Höhe von über 9 m erreicht hat und in den folgenden Jahren nur noch wenig an Höhe zulegt.

Wahlaufgabe A2

1. Gegeben: $y = f(x) = \sin x$ und
   $y = g(x) = -2\sin x;\ x \in \mathbb{R}$

   a) Der Graph der Funktion g geht aus dem Graphen der Funktion durch Streckung um den Faktor 2 in Richtung der y-Achse mit anschließender Spiegelung an der x-Achse hervor.

   Die grafische Darstellung der Funktion f kann mittels Kurvenschablone erfolgen. Die Darstellung der Funktion g gelingt mit dem beschriebenen Vorgehen (Streckung und anschließende Spiegelung).
   Hilfe bietet eine Wertetabelle:

x	0	$\frac{\pi}{6}$	$\frac{\pi}{2}$	π	$\frac{3\pi}{2}$	2π	$\frac{5\pi}{2}$	3π
$y = f(x) = \sin x$	0	$\frac{1}{2}$	1	0	–1	0	1	0
$y = g(x) = -2\sin x$	0	–1	–2	0	2	0	–2	0

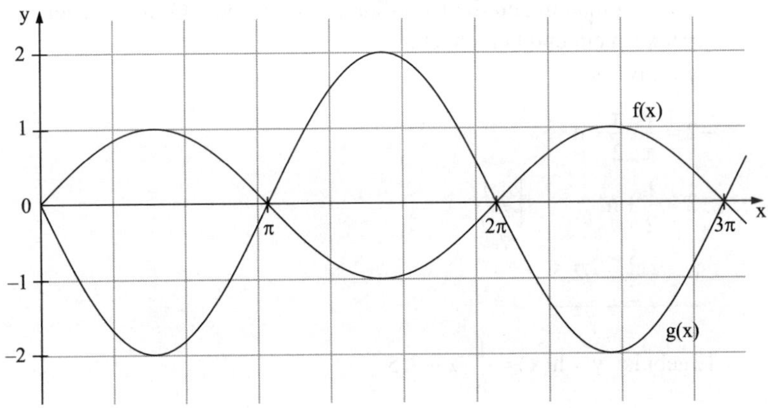

Wertebereich der Funktion g:
$WB = \{y: -2 \le y \le 2;\ y \in \mathbb{R}\}$

b) $$g(x) = -\sqrt{3}$$
$$-2\sin x = -\sqrt{3} \qquad |:(-2)$$
$$\sin x = \frac{1}{2}\sqrt{3}$$

Diese Gleichung hat im Intervall $0 \le x \le 3\pi$ die folgenden Lösungen:

$$x_1 = \frac{\pi}{3};\ x_2 = \frac{2\pi}{3};\ x_3 = \frac{7\pi}{3};\ x_4 = \frac{8\pi}{3}$$

c) Gegeben: $P\left(\frac{\pi}{2}; g\left(\frac{\pi}{2}\right)\right)$ bzw. $P\left(\frac{\pi}{2}; -2\right)$

$$Q\left(\frac{3}{2}\pi; -1\right)$$

Gesucht ist die Gleichung einer linearen Funktion $y = h(x) = mx + n$ durch die Punkte P und Q.

Möglichkeit 1:
Man berechnet als Erstes den Anstieg m:

$$m = \frac{\Delta y}{\Delta x} = \frac{y_2 - y_1}{x_2 - x_1}$$

$$m = \frac{-1-(-2)}{\frac{3}{2}\pi - \frac{\pi}{2}}$$

$$\underline{m = \frac{1}{\pi}}$$

Nun setzt man m und die Koordinaten von P (oder Q) in die Gleichung $y = mx + n$ ein und berechnet n.

$$y = mx + n$$

$$-2 = \frac{1}{\pi} \cdot \frac{\pi}{2} + n$$

$$-2 = \frac{1}{2} + n \qquad \left| -\frac{1}{2}\right.$$

$$\underline{n = -\frac{5}{2} = -2{,}5}$$

Ergebnis: $y = h(x) = \frac{1}{\pi} \cdot x - 2{,}5$

Möglichkeit 2:
Man setzt die Koordinaten von P und Q in die Funktionsgleichung $y = mx + n$ ein und löst das so entstandene Gleichungssystem mittels Additionsverfahren.

$$\text{(I)} \qquad -2 = m \cdot \frac{\pi}{2} + n$$

$$\text{(II)} \qquad -1 = m \cdot \frac{3}{2}\pi + n$$

$$\text{(II)} - \text{(I)} \quad 1 = \pi \cdot m \qquad |:\pi$$

$$\underline{m = \frac{1}{\pi}}$$

Nach Einsetzen von m in (I) oder (II) erhält man $n = -2{,}5$.

Bestätigung der Achsenschnittpunkte R und S:

Punkt R: $y = h(2{,}5\pi) = \frac{1}{\pi} \cdot 2{,}5\pi - 2{,}5 = 0$ richtig

Punkt S: $y = h(0) = \frac{1}{\pi} \cdot 0 - 2{,}5 = -2{,}5$ richtig

Der Graph der linearen Funktion h und die Koordinatenachsen schließen ein rechtwinkliges Dreieck ein (siehe Skizze).

Es gilt:

$$\tan\alpha = \frac{\overline{OS}}{\overline{OR}}$$

$$\tan\alpha = \frac{2{,}5}{2{,}5 \cdot \pi}$$

$$\underline{\underline{\alpha \approx 17{,}7°}}$$

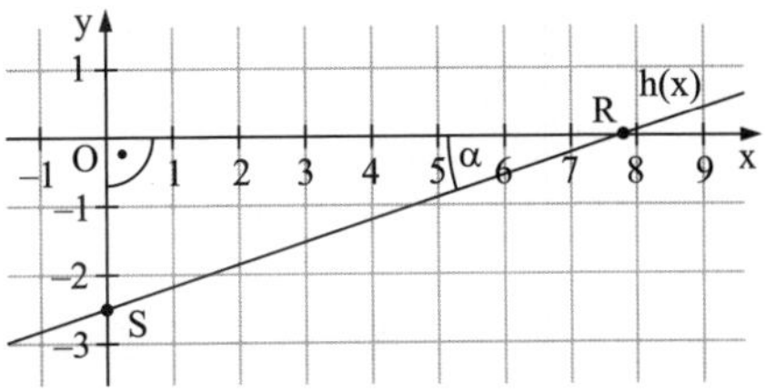

d) Bei der Rotation des rechtwinkligen Dreiecks SRO um die x-Achse entsteht ein Kreiskegel.

$$V = \frac{1}{3}\pi r^2 \cdot h$$

$$V = \frac{1}{3}\pi (2{,}5\text{ cm})^2 \cdot 2{,}5\pi\text{ cm}$$

$$\underline{\underline{V \approx 51{,}4\text{ cm}^3}}$$

In der Skizze erkennt man:

$r = \overline{OS} = 2{,}5$ cm

$h = \overline{OR} = 2{,}5\pi$ cm

e) $f_t(x) = \sin x + t;\ \ x \in \mathbb{R}$

Der Parameter t verschiebt den Graphen der Funktion $y = \sin x$ um t Einheiten entlang der y-Achse.

Die beiden Graphen der Funktionen $g(x) = -2\sin x$ und $f_t(x) = \sin x + t$ haben nur dann genau einen Punkt gemeinsam, wenn der tiefste Punkt des Graphen von f auf den höchsten Punkt des Graphen von g trifft.

Der größte Funktionswert von g ist $y = 2$ an der Stelle $x = \frac{3}{2}\pi$. An genau dieser Stelle hat die Sinusfunktion $y = \sin x$ ihren kleinsten Funktionswert $y = -1$. Es muss damit eine Verschiebung um 3 Einheiten nach oben stattfinden, was durch $\underline{\underline{t = 3}}$ erfüllt wird.

Eine Skizze verdeutlicht diesen Sachverhalt:

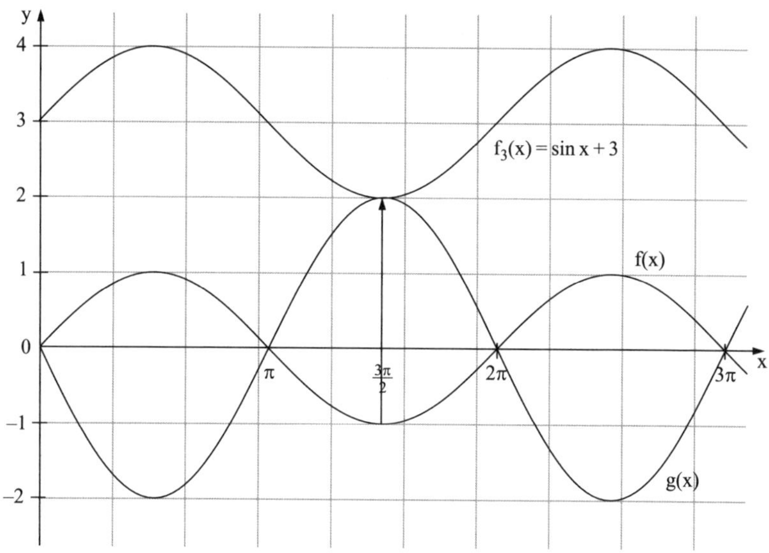

2. a) Das Ziehen der Lose lässt sich durch einen Ziehungsvorgang ohne Zurücklegen beschreiben.

Das Ereignis, dass die drei ersten Kunden leer ausgehen, wird durch das Ziehen von Nieten beschrieben. Unter den 100 Losen gibt es am Anfang 40 Nieten.

P(die ersten drei Kunden gehen leer aus)
$= P(N\,N\,N)$

$$= \underbrace{\frac{40}{100}}_{\substack{\text{40 Nieten bei}\\ \text{100 Losen}}} \cdot \underbrace{\frac{39}{99}}_{\substack{\text{nur noch 39 Nieten}\\ \text{bei noch 99 Losen}}} \cdot \underbrace{\frac{38}{98}}_{\substack{\text{nur noch 38 Nieten}\\ \text{bei noch 98 Losen}}}$$

$$= \frac{494}{8\,085} \approx \underline{\underline{0{,}061}}$$

Das Ereignis, dass der zweite Kunde einen Preis erhält, macht keine Aussagen zum ersten Kunden.

Damit ist:
P(der 2. Kunde erhält einen Preis)
$= P(P\,P;\ N\,P)$

$$= \underbrace{\frac{60}{100}}_{\substack{\text{60 Preise bei}\\ \text{100 Losen}}} \cdot \underbrace{\frac{59}{99}}_{\substack{\text{nur noch 59 Preise}\\ \text{bei noch 99 Losen}}} + \underbrace{\frac{40}{100}}_{\substack{\text{40 Nieten bei}\\ \text{100 Losen}}} \cdot \underbrace{\frac{60}{99}}_{\substack{\text{60 Preise bei noch}\\ \text{99 Losen}}}$$

$$= \underline{\underline{\frac{3}{5} = 0{,}6}}$$

b) Die Wahrscheinlichkeit, dass ein Kugelschreiber defekt ist, beträgt $P(d) = 0{,}05$. Dementsprechend ist die Wahrscheinlichkeit, dass ein Kugelschreiber in Ordnung ist, $P(\overline{d}) = 0{,}95$.

Die Wahrscheinlichkeit, dass beim Kauf von drei Kugelschreibern mindestens zwei in Ordnung sind, wird nun folgendermaßen berechnet.

P(mindestens zwei sind in Ordnung)
= P(alle drei sind in Ordnung oder genau zwei sind in Ordnung)

$$= P(\overline{d}\,\overline{d}\,\overline{d};\ d\,\overline{d}\,\overline{d};\ \overline{d}\,d\,\overline{d};\ \overline{d}\,\overline{d}\,d)$$

$$= \underbrace{P(\overline{d}\,\overline{d}\,\overline{d})}_{0{,}95\cdot 0{,}95\cdot 0{,}95} + \underbrace{P(d\,\overline{d}\,\overline{d};\ \overline{d}\,d\,\overline{d};\ \overline{d}\,\overline{d}\,d)}_{\text{3-mal }0{,}05\cdot 0{,}95\cdot 0{,}95}$$

$$= (0{,}95)^3 + 3\cdot 0{,}05\cdot (0{,}95)^2$$

$$\approx \underline{\underline{0{,}993}}$$

Besondere Leistungsfeststellung Thüringen 10. Klasse Mathematik 2011

Pflichtaufgabe

Die Skizze zeigt einen Ausschnitt aus dem Lageplan eines Stadtparks. Im Stadtpark befinden sich ein Aussichtsturm (A), ein Planetarium (P), eine Sportanlage (S) und ein Restaurant (R).

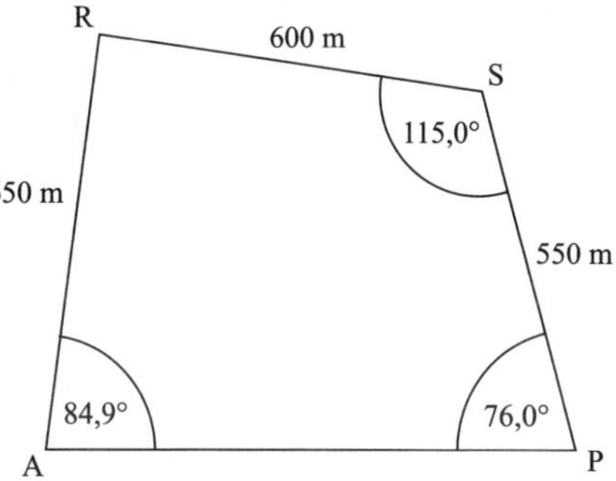

(Skizze nicht maßstäblich)

a) Durch den Stadtpark führt ein geradliniger Weg vom Planetarium zum Restaurant.
Berechnen Sie die Länge dieses Weges.
Ermitteln Sie die Größe der Fläche APSR.
Geben Sie das Ergebnis in Hektar an. (8 BE)

b) Die Stadtverwaltung lässt zylinderförmige Müllbehälter (ohne Deckel) mit je 24 Liter Fassungsvermögen anbringen. Radius und Höhe des Müllbehälters verhalten sich wie 1 : 3.
Ein solcher Behälter wird aus einem rechteckigen Stück Stahlblech mit der Länge 115 cm und der Breite 45 cm hergestellt.
Berechnen Sie, wie viel Prozent Abfall bei der Herstellung entstehen.
(Kontrollergebnis: Höhe $h \approx 41$ cm) (6 BE)

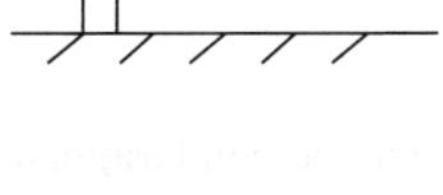

c) Im Jahr 2008 kostete die Pflege des Parks 80 000 €.
Mit welchen Kosten muss die Stadt im Jahr 2012 rechnen, wenn diese im vorliegenden Zeitraum pro Jahr um 3,4 % steigen? (2 BE)

d) In der Sportanlage des Parks nutzt Peter den Basketballkorb für sein Training. Erfahrungsgemäß trifft Peter bei jedem Wurf mit einer Wahrscheinlichkeit von 0,8.
Eine Trainingsserie besteht aus 10 Würfen.

Berechnen Sie die Wahrscheinlichkeiten für folgende Ereignisse:
A: = „Peter trifft bei einer Trainingsserie genau 10-mal."
B: = „Der dritte Wurf ist sein erster Treffer."

Peters Ziel ist es, bei 10 Würfen mit einer Wahrscheinlichkeit von 0,3 genau 10-mal zu treffen. Bestimmen Sie die dafür notwendige Trefferwahrscheinlichkeit pro Wurf. (4 BE)

Wahlaufgabe 1

1. Gegeben ist die Funktion f durch $y = f(x) = \frac{1}{x} + 2$.

   a) Skizzieren Sie den Graphen dieser Funktion in ein Koordinatensystem mindestens im Intervall $-5 \leq x \leq 5$.
   Geben Sie den Definitionsbereich, den Wertebereich und das Monotonieverhalten der Funktion f an. (4 BE)

   b) Überprüfen Sie, ob der Punkt $P\left(-\frac{1}{50}; -52\right)$ zum Graphen der Funktion f gehört. (1 BE)

   c) Gegeben ist die Funktion g durch $y = g(x) = \frac{1}{2}x + \frac{3}{2}$ $(x \in \mathbb{R})$.
   Berechnen Sie die Schnittpunkte des Graphen der Funktion f mit dem Graphen der Funktion g. (3 BE)

2. Gegeben ist das lineare Gleichungssystem durch die Gleichungen
   (I) $4x + 3y = 6$
   (II) $y = 2x - 8$ $(x, y \in \mathbb{R})$

   a) Lösen Sie das Gleichungssystem rechnerisch und grafisch. (4 BE)

   b) Die beiden Graphen (aus Teilaufgabe a) und die y-Achse begrenzen ein Dreieck vollständig.
   Berechnen Sie den Flächeninhalt, den Umfang und die Größe eines Innenwinkels des Dreiecks. (4 BE)

3. Auf einer Packung Pommes frites light werden die nebenstehenden Inhaltsstoffe angegeben. Stellen Sie die Anteile der angegebenen Inhaltsstoffe in einem Kreisdiagramm dar. (4 BE)

337,5 g	Kohlenhydrate
112,5 g	Fett
300,0 g	Sonstiges

Wahlaufgabe A2

1. In einer Urne befinden sich 10 rote, 8 grüne und 2 blaue Kugeln. Es werden drei Kugeln mit Zurücklegen gezogen.

   a) Berechnen Sie die Wahrscheinlichkeiten folgender Ereignisse:
   A: = „Die erste Kugel ist grün."
   B: = „Nur die erste Kugel ist grün."
   C: = „Genau eine Kugel ist grün."
   D: = „Keine Kugel ist rot."
   E: = „Alle drei Kugeln sind blau." (5 BE)

   b) Entscheiden Sie, welches der folgenden Ereignisse das Gegenereignis von E (aus Teilaufgabe a) beschreibt.
   E_1: = „Keine Kugel ist blau."
   E_2: = „Mindestens eine Kugel ist blau."
   E_3: = „Höchstens zwei Kugeln sind blau."
   Geben Sie die Wahrscheinlichkeit für das Gegenereignis von E an. (2 BE)

2. In einer Urne befinden sich 15 Kugeln. Eine bestimmte Anzahl dieser Kugeln ist weiß, die anderen sind schwarz. Jede weiße Kugel ist mit der Zahl 2, jede schwarze mit der Zahl 5 beschriftet. Addiert man die Zahlenwerte aller Kugeln, erhält man 57. Berechnen Sie, wie viele weiße und wie viele schwarze Kugeln sich in der Urne befinden. (4 BE)

3. Für jede reelle Zahl a $(a \neq 0)$ sei eine Funktion f_a durch $y = f_a(x) = 2\cos x + a \ (x \in \mathbb{R})$ gegeben.

   a) Vervollständigen Sie die Wertetabelle für $a = 2$ und $a = -1$.

x	0	$\frac{\pi}{4}$	$\frac{\pi}{2}$	π
$f_2(x)$				
$f_{-1}(x)$				

   Skizzieren Sie die Graphen der Funktionen f_2 und f_{-1} mindestens im Intervall $0 \leq x \leq 2\pi$. (3 BE)

   b) Beschreiben Sie, wie die Graphen der Funktionen f_a aus dem Graphen der Funktion $y = \cos x$ hervorgehen. (2 BE)

   c) Geben Sie an, für welche Werte von a die Funktionen f_a keine Nullstellen besitzen. (2 BE)

   d) Durch die Punkte $P(\pi; 0)$ und $Q(2\pi; 4)$ verläuft der Graph einer linearen Funktion h. Ermitteln Sie die Gleichung der Funktion h. (2 BE)

Tipps und Hinweise zu den Lösungen

Pflichtaufgabe

a)

- Die Länge des Weges $\overline{PR}$ berechnet man mit dem Kosinussatz im Dreieck PSR.
- Die gesamte Fläche APSR setzt sich aus den Dreiecksflächen der Dreiecke PSR und APR zusammen.
- Den Flächeninhalt des Dreiecks PSR kann man sofort berechnen, da die Länge von zwei Dreiecksseiten und die Größe des eingeschlossenen Winkels gegeben sind.
- Vom Dreieck APR sind die Längen zweier Seiten bekannt. Um den Flächeninhalt dieses Dreiecks berechnen zu können, benötigt man noch die Größe desjenigen Winkels, der von diesen beiden Seiten eingeschlossen wird.
- Berechnen Sie die Größen der Innenwinkel im Dreieck APR mit dem Sinussatz und der Innenwinkelsumme im Dreieck.

b)

- Um den Oberflächeninhalt des Zylinders berechnen zu können, sind die Maße von Radius und Höhe des Zylinders erforderlich.
- Stellen Sie eine Verhältnisgleichung für Radius r und Höhe h auf.
- Berechnen Sie jetzt aus dem bekannten Volumen des Zylinders und dem Zusammenhang von h und r den Radius und daraus dann die Höhe.
- Nun ist es möglich, den gesuchten Oberflächeninhalt (ohne Deckel!) zu berechnen.
- Bestimmen Sie die Größe des rechteckigen Stahlbleches und des entstehenden Abfalls.
- Sie benötigen hier Ihre Kenntnise zur Prozentrechnung.

c)

- Bei dieser Aufgabe liegt ein exponentielles Wachstum vor. Stellen Sie die Gleichung für dieses Wachstum auf und berechnen Sie die Kosten nach 4 Jahren.

d)

- Es liegt ein mehrstufiges Zufallsexperiment vor.
- Peter trifft immer mit einer Wahrscheinlichkeit von 0,8 und demnach mit einer Wahrscheinlichkeit von $1-0{,}8=0{,}2$ **nicht**.
- Die Versuchsausgänge der einzelnen Würfe sind stochastisch unabhängig, also können die Wahrscheinlichkeiten für die Würfe multipliziert werden.

Wahlaufgabe A1

1 a)

Wiederholen Sie Ihre Kenntnisse über die Eigenschaften der Funktion $y = \frac{1}{x}$.

Für die Skizze des Graphen ist eine Wertetabelle hilfreich. Beachten Sie dabei auch, dass der Wert 2 lediglich eine Verschiebung des Graphen der Funktion $y = \frac{1}{x}$ um 2 Einheiten entlang der y-Achse bewirkt.

1 b)

Setzen Sie $x = -\frac{1}{50}$ in die Funktionsgleichung ein und berechnen Sie den zugehörigen Funktionswert. Vergleichen Sie mit dem vorgegebenen Wert.

1 c)

Die x-Koordinaten der Schnittpunkte der Graphen der Funktionen errechnet man, indem man die Funktionsgleichungen gleichsetzt und die entstandene Gleichung nach x auflöst. Vergessen Sie nicht, die zugehörigen y-Werte zu berechnen und die Koordinaten der Schnittpunkte aufzuschreiben!

2 a)

Für die rechnerische Lösung ist das Einsetzungsverfahren geeignet.

Für die grafische Lösung betrachten Sie beide Gleichungen als Funktionsgleichungen linearer Funktionen (Gleichung (I) nach y umstellen) und zeichnen Sie deren Graphen in ein gemeinsames Koordinatensystem. Die Koordinaten des Schnittpunktes entsprechen der Lösung.

2 b)

Fertigen Sie sich nochmals eine Skizze an und kennzeichnen Sie das Dreieck. Ermitteln Sie die Koordinaten der Eckpunkte des Dreiecks.

Bei der Berechnung des Flächeninhaltes des Dreiecks sucht man sich eine geeignete Grundseite und die Höhe auf dieser Grundseite.

Die Länge der anderen Seiten bestimmt man mittels des Satzes des Pythagoras in den entsprechenden rechtwinkligen Hilfsdreiecken, die durch Koordinaten der Eckpunkte berechenbar sind.

Nutzen Sie eine geeignete Winkelbeziehung in einem vorhandenen rechtwinkligen Hilfsdreieck, um die Größe eines Innenwinkels zu berechnen.

3

Lösen Sie Verhältnisgleichungen, um die entsprechenden Winkelgrößen für die einzelnen Inhaltsstoffe zu bestimmen.

Vergessen Sie nicht, die einzelnen Kreissektoren zu beschriften.

Wahlaufgabe A2

1

Es handelt sich um ein dreistufiges Zufallsexperiment, bei dem die Kugeln zurückgelegt werden. Die Wahrscheinlichkeiten für das Ziehen der einzelnen farbigen Kugeln bleiben somit immer gleich. Ermitteln Sie zunächst diese Wahrscheinlichkeiten sowie die, dass die entsprechenden Kugeln nicht gezogen werden.

1 a)

Bestimmen Sie die Wahrscheinlichkeiten durch inhaltliche Überlegungen.
oder: Fertigen Sie sich ein beschriftetes Baumdiagramm an und ermitteln dann die Wahrscheinlichkeiten der Ereignisse.

1 b)

Das Gegenereignis tritt bereits ein, falls wenigstens eine gezogene Kugel nicht blau ist. Vergleichen Sie nun mit den Aussagen der Ereignisse E_1 bis E_3.

2

Stellen Sie zu den bekannten Aussagen zwei Gleichungen auf. Betrachten Sie diese Gleichungen als lineares Gleichungssystem und lösen Sie dieses.

3 a)

Für die Parameter $a = 2$ und $a = -1$ erhält man die folgenden Funktionen:
$f_2(x) = 2\cos x + 2$ und $f_{-1}(x) = 2\cos x - 1$
Ermitteln Sie nun die zugehörigen Funktionswerte in der Wertetabelle.

Stellen Sie die beiden Funktionen grafisch dar, falls Ihnen das nicht gleich gelingt, bearbeiten Sie erst Teilaufgabe b oder berechnen noch weitere Wertepaare.

3 b)

Überlegen Sie, welche Bedeutung der Faktor 2 und der Parameter a in der Kosinusfunktion $y = 2\cos(x) + a$ haben.

Der Faktor 2 bewirkt eine Streckung in Richtung der y-Achse, der Parameter a eine anschließende Verschiebung entlang der y-Achse.

3 c)

Betrachten Sie sich die grafische Darstellung der Funktion f_2 und deren Nullstellen.

Überlegen Sie, was mit dem Graphen der Funktion f_a passiert, wenn sich der Wert von a weiter vergrößert.

Betrachten Sie nun auch den Fall für $a = -2$ und schlussfolgern Sie auch hier.

3 d)

Setzen Sie jeweils die Koordinaten der Punkte P und Q in die Gleichung $y = mx + n$ einer linearen Funktion ein. Lösen Sie das entstandene lineare Gleichungssystem.

Lösungen

Pflichtaufgabe

a) Gegeben: Ausschnitt APSR aus dem Lageplan eines Stadtparks

$\overline{AR} = 650\text{ m}$

$\overline{PS} = 550\text{ m}$

$\overline{RS} = 600\text{ m}$

$\sphericalangle PAR = 84{,}9°$

$\sphericalangle SPA = 76{,}0°$

$\sphericalangle RSP = 115{,}0°$

Gesucht: Länge des Weges $\overline{PR}$

Größe der Fläche APSR in Hektar

Skizze:

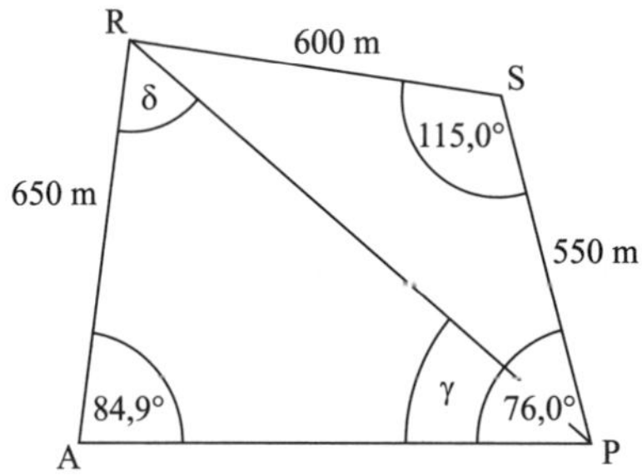

(Skizze nicht maßstäblich)

Die Länge der Strecke $\overline{PR}$ berechnet man mit dem Kosinussatz im Dreieck PSR.

$$\overline{PR}^2 = \overline{PS}^2 + \overline{RS}^2 - 2 \cdot \overline{PS} \cdot \overline{RS} \cdot \cos \sphericalangle RSP$$

$$\overline{PR}^2 = (550\text{ m})^2 + (600\text{ m})^2 - 2 \cdot 550\text{ m} \cdot 600\text{ m} \cdot \cos 115°$$

$$\underline{\underline{\overline{PR} \approx 970{,}3\text{ m}}}$$

Der Weg hat eine Länge von ca. 970 m.

Um den Flächeninhalt der Fläche APSR zu berechnen, unterteilt man dieses Viereck in die Dreiecke PSR und APR. Flächeninhalt des Dreiecks PSR:

$$A_1 = \frac{1}{2} \cdot \overline{PS} \cdot \overline{RS} \cdot \sin \sphericalangle RSP$$

$$A_1 = \frac{1}{2} \cdot 550\text{ m} \cdot 600\text{ m} \cdot \sin 115°$$

$$\underline{A_1 \approx 149\,540{,}8\text{ m}^2}$$

Für die Berechnung des Flächeninhaltes des Dreiecks APR benötigt man noch die Größe des Innenwinkels $\sphericalangle ARP = \delta$. Dafür berechnet man als erstes den Winkel γ im Dreieck APR mit dem Sinussatz.

$$\frac{\sin\gamma}{\overline{AR}} = \frac{\sin\sphericalangle PAR}{\overline{PR}}$$

$$\sin\gamma = \frac{\overline{AR}\cdot\sin\sphericalangle PAR}{\overline{PR}}$$

$$\sin\gamma = \frac{650\text{ m}\cdot\sin 84{,}9^\circ}{970{,}3\text{ m}}$$

$$\underline{\gamma \approx 41{,}9^\circ}$$

Da die Summe der Innenwinkel $\gamma + \delta + 84{,}9^\circ = 180^\circ$ ergibt, ist $\underline{\delta \approx 53{,}2^\circ}$.

Flächeninhalt des Dreiecks APR:

$$A_2 = \frac{1}{2}\cdot\overline{AR}\cdot\overline{PR}\cdot\sin\delta$$

$$A_2 \approx \frac{1}{2}\cdot 650\text{ m}\cdot 970{,}3\text{ m}\cdot\sin 53{,}2^\circ$$

$$\underline{A_2 \approx 252\,508{,}6\text{ m}^2}$$

Somit ist:

$$A = A_1 + A_2$$

$$A \approx 402\,049{,}4\text{ m}^2 \qquad 1\text{ ha} = 10\,000\text{ m}^2$$

$$\underline{\underline{A \approx 40{,}2\text{ ha}}}$$

Die Größe der Fläche APSR beträgt etwa 40,2 ha.

Alternativer Lösungsweg mit einem CAS:
Beim Lösen dieser Aufgabe mithilfe eines CAS kann man zum Beispiel die gegebenen Größen als Variablen abspeichern. Das CAS ist dabei auf Gradmaß eingestellt.

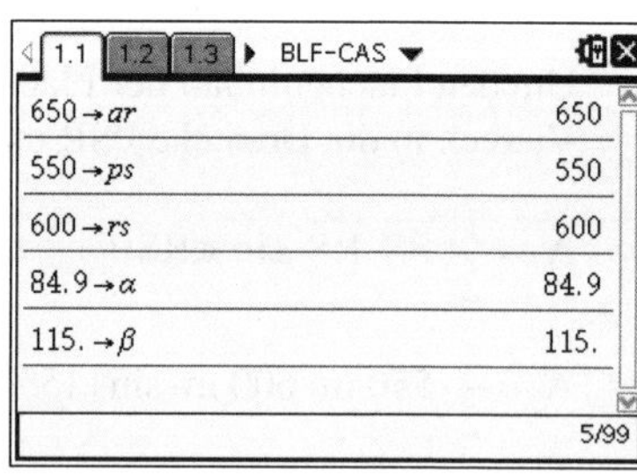

Für die Berechnung der Länge des Weges $\overline{PR}$ ergibt sich nun:

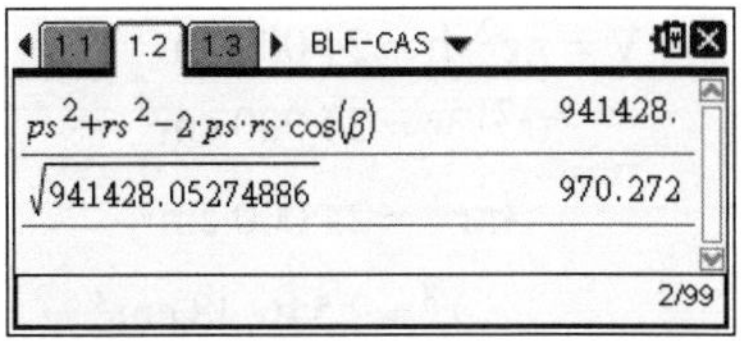

Für den Flächeninhalt A_1 des Dreiecks PSR erhält man:

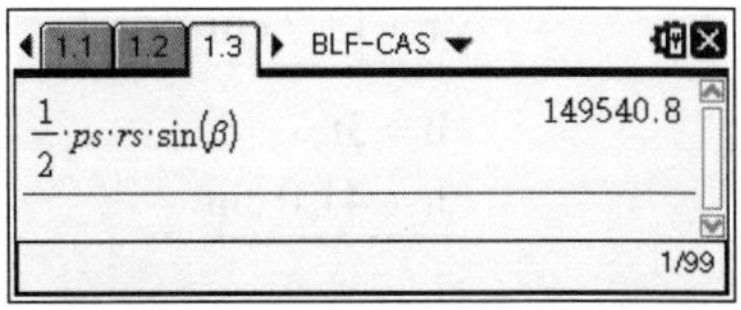

Um den Flächeninhalt A_2 des Dreiecks APR berechnen zu können, kann man sofort mithilfe des CAS unter Einsatz des SOLVE-Befehls die Länge der Seite $\overline{AP}$ des Dreiecks berechnen, was händisch mit dem Lösen einer quadratischen Gleichung möglich, aber zeitaufwendiger ist. Dann erhält man:

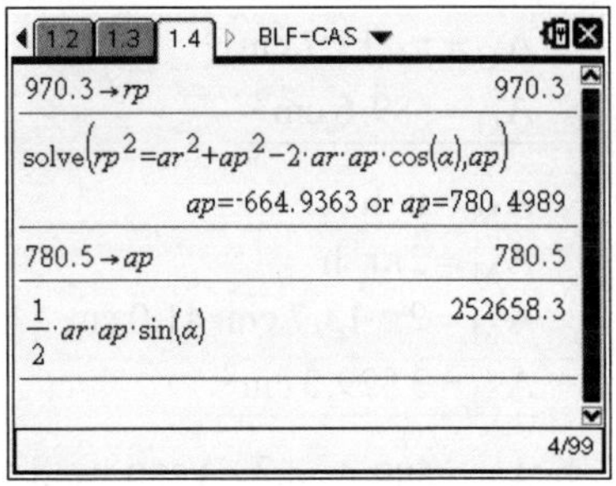

b) Gegeben: Zylinderförmiger Müllbehälter

$V = 24\,\ell = 24\text{ dm}^3 = 24\,000\text{ cm}^3$

$\frac{r}{h} = \frac{1}{3}$ und somit ist $h = 3r$.

Stahlblech: $\ell = 115$ cm; $b = 45$ cm

Gesucht: Prozentualer Abfall bei der Herstellung

Skizze:

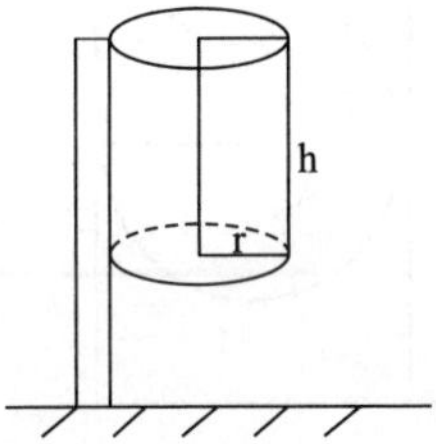

(Skizze nicht maßstäblich)

Zuerst berechnet man den Oberflächeninhalt des zylinderförmigen Müllbehälters ohne Deckel mit der Formel $A_O = A_G + A_M$.
Dafür benötigt man aber den Radius r und die Höhe h. Letztere erhält man aus dem gegebenen Volumen V und dem bekannten Zusammenhang $h = 3r$.

$V = \pi r^2 \cdot h = 24\,000 \text{ cm}^3$

$\pi r^2 \cdot 3r = 24\,000 \text{ cm}^3$

$3\pi r^3 = 24\,000 \text{ cm}^3 \quad | : 3\pi$

$r^3 \approx 2\,546{,}48 \text{ cm}^3 \quad | \sqrt[3]{\ }$

$\underline{r \approx 13{,}7 \text{ cm}}$ und

$h = 3r$

$\underline{h \approx 41{,}0 \text{ cm}}$

$A_G = \pi r^2$

$A_G = \pi \cdot (13{,}7 \text{ cm})^2$

$\underline{A_G \approx 589{,}6 \text{ cm}^2}$

$A_M = u \cdot h$

$A_M = 2\pi r \cdot h$

$A_M = 2\pi \cdot 13{,}7 \text{ cm} \cdot 41{,}0 \text{ cm}$

$\underline{A_M \approx 3\,529{,}3 \text{ cm}^2}$

$A_O = 589{,}6 \text{ cm}^2 + 3\,529{,}3 \text{ cm}^2$

$\underline{\underline{A_O \approx 4\,119 \text{ cm}^2}}$

Für die Herstellung des Müllbehälters benötigt man etwa 4 119 cm^2 Stahlblech.

Die Mantelfläche und die Grundfläche des Müllbehälters kann man aus einem rechteckigen Stahlblech, wie in folgender Skizze beschrieben, herstellen.

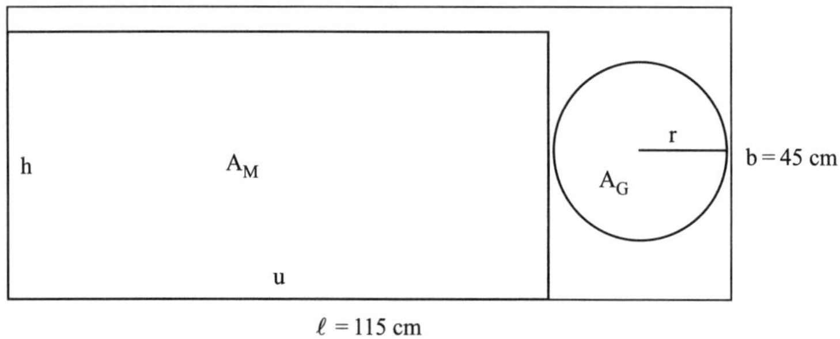

Das Stahlblech hat eine Fläche von:

$A = \ell \cdot b$

$A = 115 \text{ cm} \cdot 45 \text{ cm}$

$\underline{\underline{A = 5\,175 \text{ cm}^2}}$

Bei der Herstellung entsteht ein Abfall von:

$5\,175\text{ cm}^2 - 4\,119\text{ cm}^2 = \underline{1\,056\text{ cm}^2}$

Um den prozentualen Abfall zu berechnen, gilt der folgende Ansatz:

$$\frac{100\,\%}{5\,175\text{ cm}^2} = \frac{x}{1\,056\text{ cm}^2}$$

$$\underline{\underline{x \approx 20{,}4\,\%}}$$

Bei der Herstellung entsteht ein Abfall von ca. 20 %.

c) Die Pflegekosten des Parks unterliegen einem exponentiellen Wachstum.

$$K_n = K_0 \cdot \left(1 + \frac{p}{100}\right)^n$$

K_n … Kosten nach n Jahren

K_0 … Anfangskosten

p … prozentuale Steigerung

n … Dauer in Jahren

$$K_{2012} = K_{2008} \cdot \left(1 + \frac{3{,}4}{100}\right)^4$$

$$K_{2012} = 80\,000\text{ €} \cdot 1{,}034^4$$

$$\underline{\underline{K_{2012} \approx 91\,447{,}56\text{ €}}}$$

Im Jahr 2012 muss die Stadt für die Pflege des Parks etwa 91 448 € aufbringen.

d) Die Trefferwahrscheinlichkeit von Peter beträgt $p = 0{,}8$ bei einer Trainingsserie von $n = 10$ Würfen.
Für die Berechnung der Wahrscheinlichkeit des Ereignisses A, dass Peter bei allen 10 Würfen trifft, gilt:

$P(A) = 0{,}8^{10} \approx \underline{\underline{0{,}107}}$

Das Ereignis B beschreibt, dass Peter erst zweimal hintereinander nicht trifft. Er trifft jeweils mit einer Wahrscheinlichkeit von $\overline{p} = 1 - p = 0{,}2$ nicht. Der dritte Wurf ist sein erster Treffer.

$P(B) = 0{,}2 \cdot 0{,}2 \cdot 0{,}8 = \underline{\underline{0{,}032}}$

Um die Trefferwahrscheinlichkeit zu berechnen, bei 10 Würfen mit einer Wahrscheinlichkeit von 0,3 immer zu treffen, nutzt man den Ansatz zur Berechnung der Wahrscheinlichkeit des Ereignisses A.

$$p^{10} = 0{,}3 \quad \left|\,(\;)^{\frac{1}{10}}\right.$$

$$p \approx 0{,}887$$

Die Trefferwahrscheinlichkeit von Peter muss sich somit auf 0,887 erhöhen.

Wahlaufgabe A1

1. Gegeben: $y = f(x) = \frac{1}{x} + 2$

   a) Als Hilfestellung bei der grafischen Darstellung soll die folgende Wertetabelle dienen:

x	–5	–2	–1	–0,5	–0,25	0,25	0,5
$y = f(x) = \frac{1}{x} + 2$	1,8	1,5	1	0	–2	6	4

x	1	2	5
$y = f(x) = \frac{1}{x} + 2$	3	2,5	2,2

Grafische Darstellung der Funkion f:

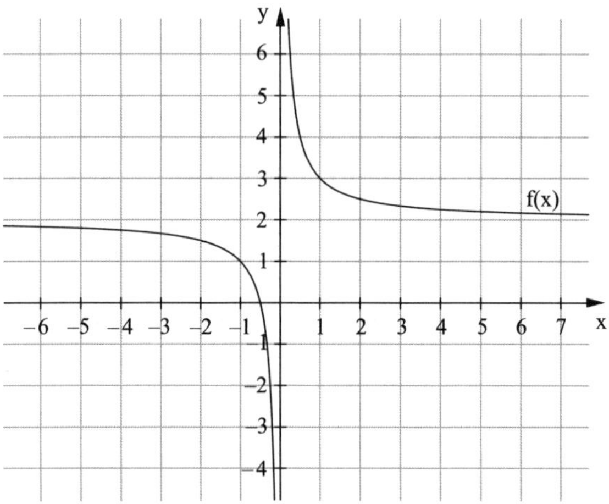

Bemerkung: Bei dem Graphen der Funktion f handelt es sich um die um 2 Einheiten entlang der y-Achse nach oben verschobene Potenzfunktion $y = \frac{1}{x} = x^{-1}$.

Definitionsbereich: $DB = \{x: x \in \mathbb{R}; x \neq 0\}$

Wertebereich: $WB = \{y: y \in \mathbb{R}; y \neq 2\}$

Monotonieverhalten: Die Funktion f ist in ihrem gesamten Definitionsbereich monoton fallend.

b) Um nachzuprüfen, ob $P\left(-\frac{1}{50}; -52\right)$ zum Graphen der Funktion f gehört, setzt man das Argument $x = -\frac{1}{50}$ in die Funktionsgleichung ein und berechnet den zugehörigen Funktionswert y.

$$f\left(-\frac{1}{50}\right) = \frac{1}{-\frac{1}{50}} + 2$$

$$= -50 + 2$$

$$\underline{= -48 \neq -52}$$

Der Punkt P gehört nicht zum Graphen der Funktion f.

c) Gegeben: $y = g(x) = \frac{1}{2}x + \frac{3}{2} \quad (x \in \mathbb{R})$

Für die Berechnung der Koordinaten der Schnittpunkte der Graphen der Funktionen f und g setzt man deren Funktionsgleichungen gleich und löst diese Gleichung nach x auf.

$$f(x) = g(x)$$

$$\frac{1}{x} + 2 = \frac{1}{2}x + \frac{3}{2} \qquad |-2$$

$$\frac{1}{x} = \frac{1}{2}x - \frac{1}{2} \qquad |\cdot 2x$$

$$2 = x^2 - x \qquad |-2$$

$$\underline{0 = x^2 - x - 2} \qquad \text{(quadratische Gleichung mit } p = -1 \text{ und } q = -2)$$

$$x_{1,2} = -\frac{p}{2} \pm \sqrt{\left(\frac{p}{2}\right)^2 - q}$$

$$x_{1,2} = \frac{1}{2} \pm \sqrt{\frac{1}{4} + 2}$$

$$x_{1,2} = \frac{1}{2} \pm \frac{3}{2} \qquad \Rightarrow \underline{x_1 = 2 \qquad x_2 = -1}$$

Nun setzt man x_1 und x_2 in eine der beiden Funktionsgleichungen f oder g ein und erhält:

$y_1 = 2{,}5 \qquad y_2 = 1$

Die Schnittpunkte haben somit folgende Koordinaten: $\underline{\underline{S_1(2; 2{,}5), S_2(-1; 1)}}$

Alternativer Lösungsweg mit einem CAS:
Für die Darstellung von Funktionen sollte das CAS auf Bogenmaß eingestellt werden und der Funktionsterm unter f(x) abgespeichert werden. Jetzt kann bereits überprüft werden, ob der Punkt $P\left(-\frac{1}{50};-52\right)$ zum Graphen der Funktion gehört.

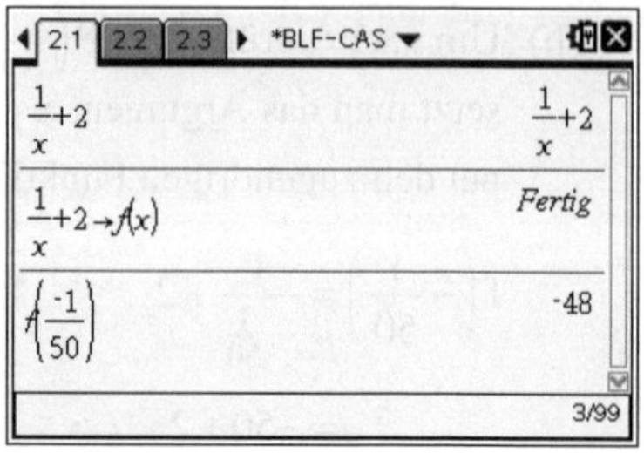

Anschließend kann der Graph der Funktion f zur Veranschaulichung dargestellt und die Wertetabelle angezeigt werden.

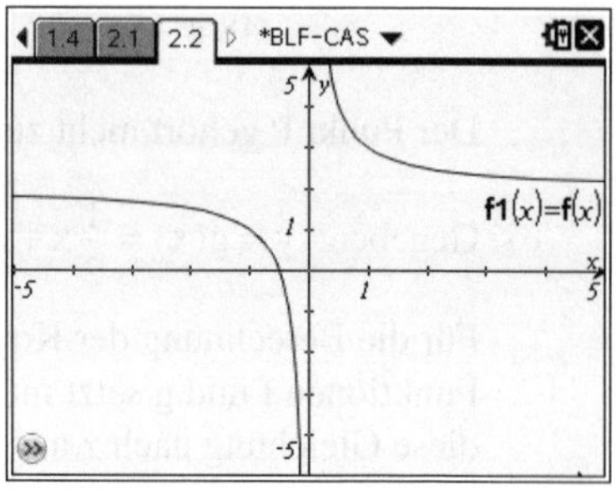

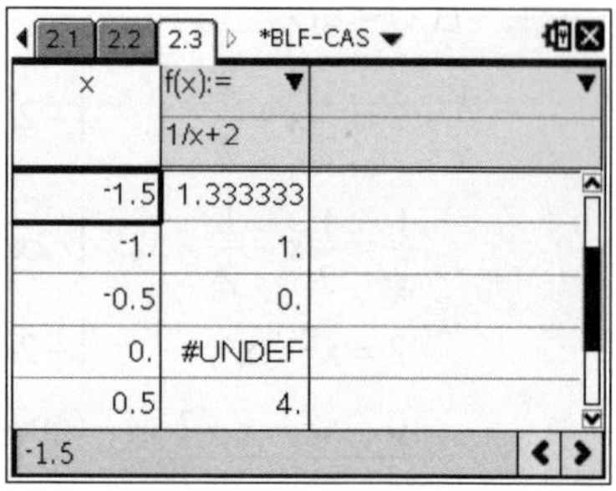

Neben der Funktion f wird nun die Funktion g abgespeichert und es werden die Koordinaten der Schnittpunkte berechnet.

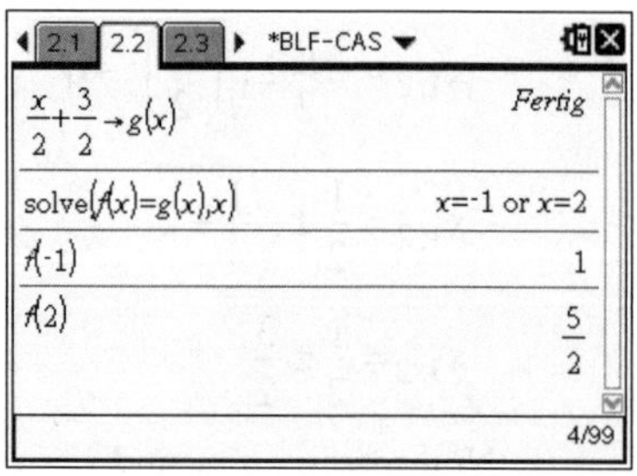

2. Gegeben ist das lineare Gleichungssystem:

(I) $4x+3y=6$

(II) $y=2x-8 \quad (x, y \in \mathbb{R})$

a) Rechnerische Lösung:
Hier entscheidet man sich sicherlich für das Einsetzungsverfahren, da die Gleichung (II) bereits nach y umgestellt ist.

(II) in (I) $4x + 3(2x - 8) = 6$

$$4x + 6x - 24 = 6$$

$$10x - 24 = 6 \quad |+24$$

$$10x = 30 \quad |:10$$

$$\underline{x = 3}$$

Nun setzt man $x = 3$ in (II) ein und erhält $\underline{y = -2}$.

Das Gleichungssystem hat die Lösung (3; –2).

Grafische Lösung:
Für die grafische Lösung betrachtet man beide Gleichungen als Gleichungen linearer Funktionen und trägt diese in ein Koordinatensystem ein. Die Koordinaten ihres Schnittpunkts bilden die Lösung des Gleichungssystems.

(I) $4x + 3y = 6 \quad |-4x$

$$3y = -4x + 6 \quad |:3$$

$$y = -\frac{4}{3}x + 2 \quad \hat{=}\; g_1(x)$$

(II) $y = 2x - 8 \quad \hat{=}\; g_2(x)$

Für ihre grafische Darstellung nutzt man das Steigungsdreieck oder man rechnet jeweils zwei Punkte aus, durch die die jeweilige Gerade verläuft.

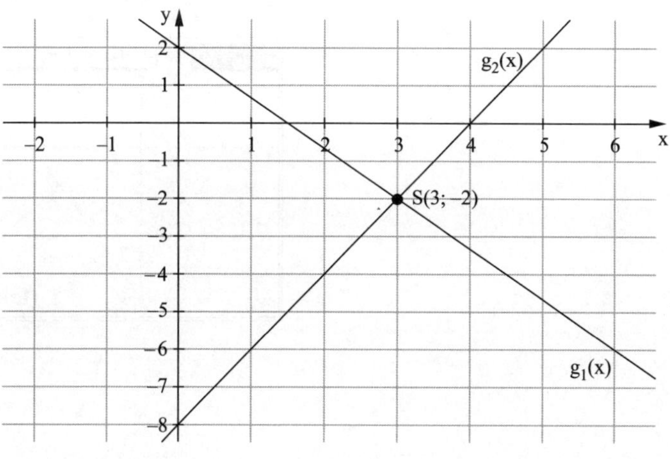

Das Ablesen der Koordinaten von S(3; –2) bestätigt die rechnerische Lösung des Gleichungssystems.

Alternativer Lösungsweg mit einem CAS:
Das lineare Gleichungssystem kann mittels des SOLVE-Befehls rechnerisch gelöst werden. Hier gibt es verschiedene Möglichkeiten für die Eingabe.
Um das lineare Gleichungssystem grafisch zu lösen, wird zuerst die Gleichung (I) nach y umgestellt und zusammen mit der Gleichung (II) als Funktion im CAS abgespeichert.

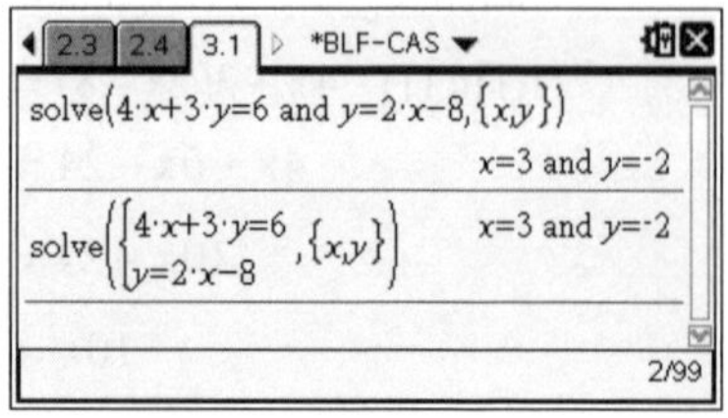

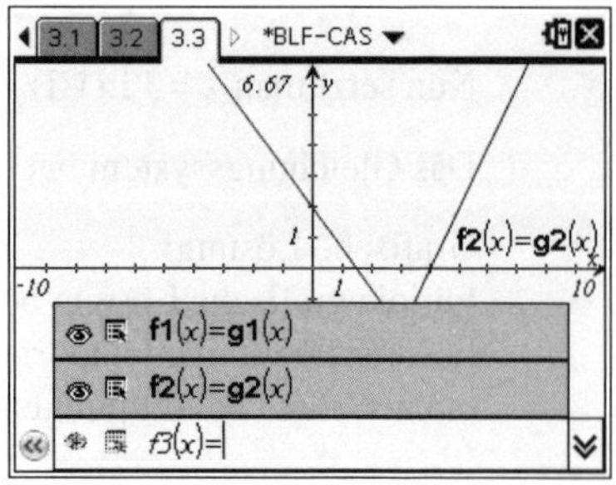

Im Grafikbildschirm kann der Schnittpunkt der Funktionen dargestellt werden. Die Koordinaten des Schnittpunktes entsprechen der Lösung des Gleichungssystems.

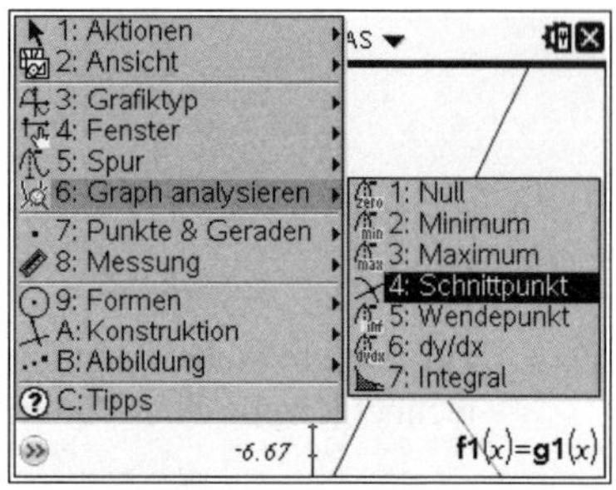

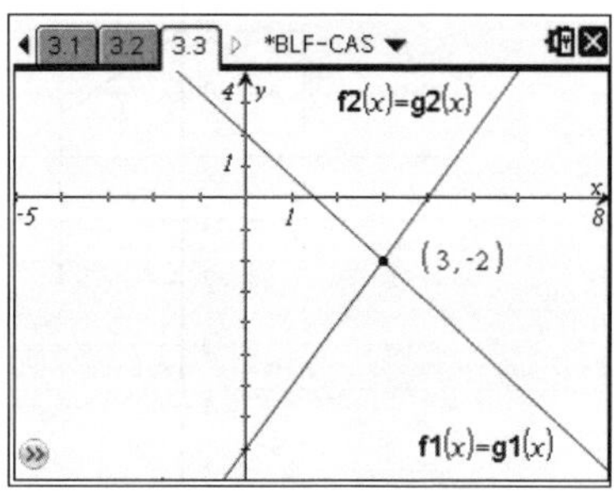

b) Die Graphen der beiden Funktionen g_1 und g_2 begrenzen mit der y-Achse das Dreieck N_1N_2S vollständig (siehe Skizze).

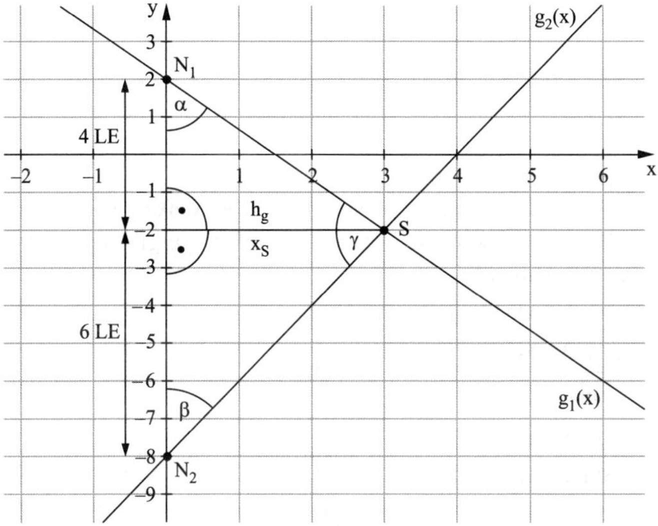

Bekannt sind auch die Koordinaten der Eckpunkte des Dreiecks.

$N_1(0; 2)$, $N_2(0; -8)$, $S(3; -2)$

Flächeninhalt des Dreiecks N_1N_2S:

$A = \frac{1}{2} g \cdot h_g$

g … Grundseite des Dreiecks

$g = \overline{N_1N_2} = 10 \text{ LE}$

$A = \frac{1}{2} \cdot 10 \text{ LE} \cdot 3 \text{ LE}$

h_g … Höhe auf der Grundseite und entspricht der x-Koordinate x_S des Schnittpunkts S

$\underline{\underline{A = 15 \text{ FE}}}$

$h_g = x_S = 3 \text{ LE}$

Umfang des Dreiecks N_1N_2S:

$u = \overline{N_1N_2} + \overline{N_1S} + \overline{N_2S}$

Bekannt ist die Seitenlänge $\overline{N_1N_2}$. Die Längen der beiden anderen Dreiecksseiten berechnet man mithilfe des Satzes des Pythagoras, da die Höhe h_g das Dreieck N_1N_2S in zwei rechtwinklige Dreiecke zerlegt (siehe Skizze).

$\overline{N_1S}^2 = h_g^2 + (2-(-2))^2$

$\underline{\overline{N_1S} = 5 \text{ LE}}$

$$\overline{N_2S}^2 = h_g^2 + (-2-(-8))^2$$

$$\underline{\overline{N_2S} = \sqrt{45}\ \text{LE}}$$

$$u = 10\ \text{LE} + 5\ \text{LE} + \sqrt{45}\ \text{LE}$$

$$\underline{\underline{u \approx 21{,}7\ \text{LE}}}$$

Innenwinkel des Dreiecks N_1N_2S:

Die Winkel α und β berechnet man mittels einer Winkelbeziehung in den rechtwinkligen Dreiecken, die Größe des Winkels γ ergibt sich dann aus der Summe aller Innenwinkel.

Exemplarisch werden hier alle Winkel berechnet.

$$\tan\alpha = \frac{\text{Gegenkathete}}{\text{Ankathete}} = \frac{3}{4} \quad \Rightarrow \quad \alpha \approx 36{,}9^\circ$$

$$\tan\beta = \frac{\text{Gegenkathete}}{\text{Ankathete}} = \frac{3}{6} \quad \Rightarrow \quad \beta \approx 26{,}6^\circ$$

$$\alpha + \beta + \gamma = 180^\circ \quad \Rightarrow \quad \gamma \approx 116{,}5^\circ$$

3. Die Summe aller Inhaltsstoffe ergibt:

$337{,}5\ \text{g} + 112{,}5\ \text{g} + 300{,}0\ \text{g} = 750\ \text{g}$

Diese Summe entspricht einem Vollkreis mit 360°. Für die Anteile gilt:

Kohlenhydrate: $\frac{\alpha}{337{,}5\ \text{g}} = \frac{360^\circ}{750\ \text{g}} \quad \Rightarrow \quad \alpha = 162^\circ$

Fett: $\frac{\beta}{112{,}5\ \text{g}} = \frac{360^\circ}{750\ \text{g}} \quad \Rightarrow \quad \beta = 54^\circ$

Sonstiges: $\gamma = 360^\circ - 162^\circ - 54^\circ = 144^\circ$

Kreisdiagramm:

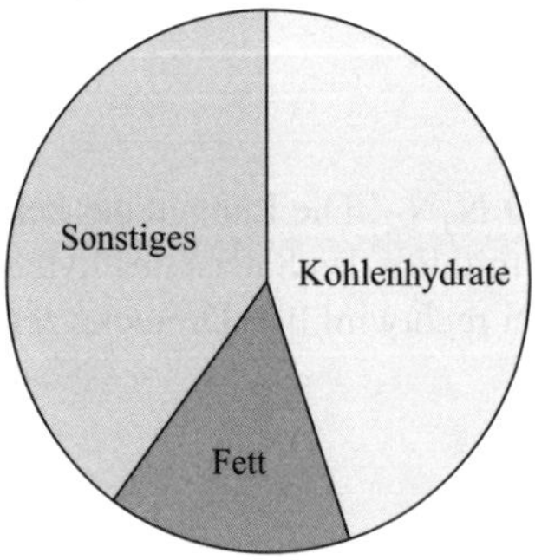

Wahlaufgabe A2

1. In der Urne befinden sich 10 rote (r), 8 grüne (g) und 2 blaue (b) Kugeln, also insgesamt 20 Kugeln.

   Da die Kugeln mit Zurücklegen gezogen werden, gelten die folgenden Wahrscheinlichkeiten für das Ziehen der Kugeln:

   $P(r)=\frac{10}{20}=\frac{1}{2};\quad P(g)=\frac{8}{20}=\frac{2}{5};\quad P(b)=\frac{2}{20}=\frac{1}{10}$

   a) Die Entnahme der Kugeln wird durch ein dreistufiges Zufallsexperiment beschrieben. Dieses kann durch ein Baumdiagramm dargestellt werden. Die Wahrscheinlichkeiten der Ereignisse lassen sich aber auch durch einfache Überlegungen ermitteln, dafür benötigt man nur noch die Wahrscheinlichkeiten der Komplementärereignisse (die entsprechenden Kugeln wurden nicht gezogen):

   $P(\overline{r})=\frac{1}{2};\quad P(\overline{g})=\frac{3}{5};\quad P(\overline{b})=\frac{9}{10}$

   Damit gilt:

   $P(A)=P(\text{„die erste Kugel ist grün"})=\underline{\underline{\frac{2}{5}=0,4}}$

   Bei Ereignis A ist es unwichtig, welche Kugeln an zweiter und dritter Stelle gezogen werden. Dies ändert sich bei den Ereignissen B bis E aber.

   $P(B)=P(\text{„nur die erste Kugel ist grün"})=P(g\overline{g}\overline{g})=\frac{2}{5}\cdot\frac{3}{5}\cdot\frac{3}{5}=\underline{\underline{\frac{18}{125}=0,144}}$

   $P(C)=P(\text{„genau eine Kugel ist grün"})=P(g\overline{g}\overline{g};\ \overline{g}g\overline{g};\ \overline{g}\overline{g}g)=3\cdot P(B)$

   $=3\cdot\frac{2}{5}\cdot\frac{3}{5}\cdot\frac{3}{5}=\underline{\underline{\frac{54}{125}=0,432}}$

   $P(D)=P(\text{„keine Kugel ist rot"})=P(\overline{r}\,\overline{r}\,\overline{r})=\frac{1}{2}\cdot\frac{1}{2}\cdot\frac{1}{2}=\underline{\underline{\frac{1}{8}=0,125}}$

   $P(E)=P(\text{„alle drei Kugeln sind blau"})=P(bbb)=\frac{1}{10}\cdot\frac{1}{10}\cdot\frac{1}{10}$

   $=\underline{\underline{\frac{1}{1\,000}=0,001}}$

b) Das Ereignis E aus Teilaufgabe a beschreibt, dass alle drei gezogenen Kugeln blau sind.

Ein Gegenereignis tritt bereits ein, wenn **mindestens eine** gezogene Kugel **nicht blau** ist. Das ist gleichbedeutend damit, dass **höchstens zwei Kugeln blau** sein dürfen.

Damit ist das Gegenereignis von E das Ereignis E_3. Es gilt:

$$P(E_3) = P(\overline{E}) = 1 - P(E) = 1 - 0{,}001 = \underline{\underline{0{,}999}}$$

2. Die Anzahl der weißen Kugeln sei w und die Anzahl der schwarzen Kugeln s. Da deren Summe 15 beträgt, gilt:

(I) $w + s = 15$

Die geforderte Beschriftung ergibt folgenden Zusammenhang:

(II) $2w + 5s = 57$

Somit ist nur noch das folgende Gleichungssystem zu lösen, was zum Beispiel durch das Additionsverfahren geschehen kann.

$$\begin{array}{lrcl}
\text{(I)} & w + s & = & 15 \quad |\cdot 2 \\
\text{(II)} & 2w + 5s & = & 57 \\
\text{(I')} & 2w + 2s & = & 30 \\
\text{(II)} - \text{(I')} & 3s & = & 27
\end{array}$$

$$\underline{\underline{s = 9}} \text{ und damit } \underline{\underline{w = 6}}$$

In der Urne befinden sich 6 weiße und 9 schwarze Kugeln.

Alternativer Lösungsweg mit einem CAS:
Das Gleichungssystem kann mithilfe des SOLVE-Befehls gelöst werden.

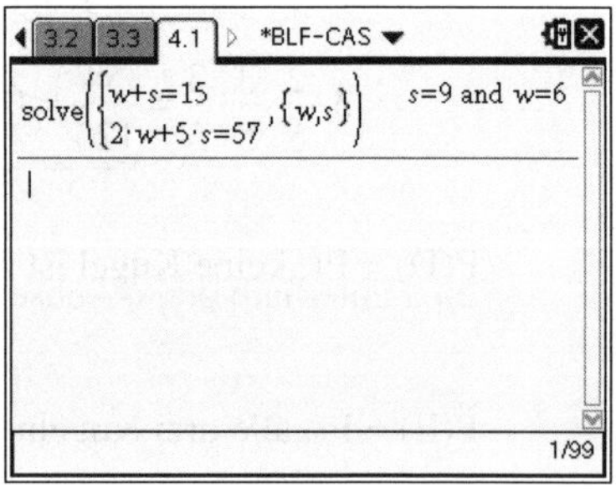

3. Gegeben: $y = f_a(x) = 2\cos x + a;\quad x \in \mathbb{R}, a \in \mathbb{R}, a \neq 0$

a) Wertetabelle:

x	0	$\frac{\pi}{4}$	$\frac{\pi}{2}$	π
$f_2(x) = 2\cos x + 2$	4	$\sqrt{2}+2$	2	0
$f_{-1}(x) = 2\cos x - 1$	1	$\sqrt{2}-1$	–1	–3

Grafische Darstellung im Intervall $0 \leq x \leq 2\pi$:

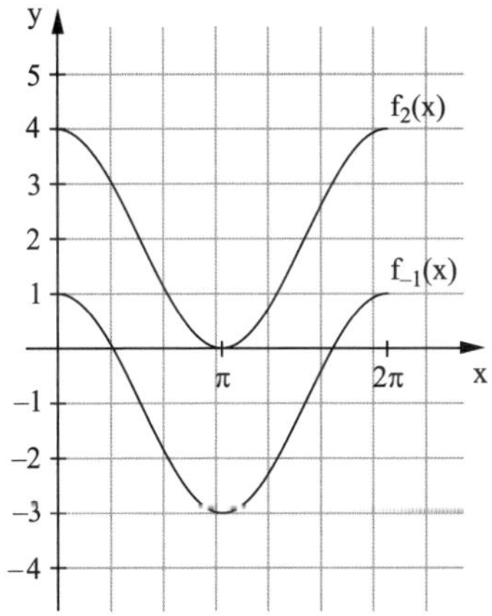

b) Die Graphen der Funktionen f_a gehen aus dem Graphen der Funktion $y = \cos x$ durch Streckung um den Faktor 2 in Richtung der y-Achse und um eine Verschiebung um a Einheiten in Richtung der y-Achse hervor.

c) Aus den Eigenschaften der Funktion f_a und deren grafischer Darstellung ist ersichtlich, dass der Faktor 2 und der Summand a den Wertebereich bestimmen.

$WB = \{y\colon y \in \mathbb{R};\ -2 + a \leq y \leq 2 + a\}$

Damit der Graph der Funktion f_a keine Nullstellen besitzt, muss der kleinste Funktionswert $-2 + a$ oberhalb der x-Achse **oder** der größte Funktionswert $2 + a$ unterhalb der x-Achse liegen. Somit gilt:

$-2 + a > 0$ oder $2 + a < 0$

$\underline{a > 2}$ oder $\underline{a < -2}$

Für diese Werte von a besitzt der Graph der Funktion f_a keine Nullstellen.

d) Gegeben: $P(\pi; 0)$, $Q(2\pi; 4)$

Gesucht ist die Gleichung einer linearen Funktion h, die durch die beiden Punkte P und Q verläuft.

Zur Lösung setzt man die Koordinaten von P und Q in die Gleichung einer linearen Funktion $y = mx + n$ ein und bildet das folgende Gleichungssystem:

(I) $\quad 0 = m \cdot \pi \;\; + n$

(II) $\quad 4 = m \cdot 2\pi + n$

Nutzt man das Additionsverfahren, so erhält man für (II) – (I):

$4 = 2\pi m - \pi m$

$4 = \pi m \qquad | : \pi$

$\underline{m = \frac{4}{\pi}}$

Setzt man nun m in (I) ein, ergibt sich für n:

$0 = \frac{4}{\pi} \cdot \pi + n$

$0 = 4 + n \qquad | -4$

$\underline{n = -4}$

Somit folgt: $h(x) = \frac{4}{\pi} \cdot x - 4$

Alternativer Lösungsweg mit einem CAS:
Für die Darstellung von trigonometrischen Funktionen muss das CAS auf Bogenmaß eingestellt werden!
Zuerst speichert man den Funktionsterm der Funktion $f_a(x)$ am besten als Funktion f(x, a) ab. Das hat den Vorteil, dass man sowohl x als auch a ändern kann.
Es folgt die Berechnung der Funktionswerte (nur einige Beispiele) und die grafische Darstellung.

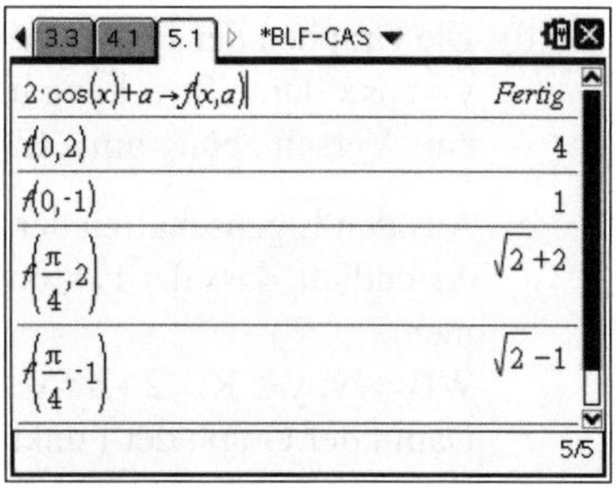

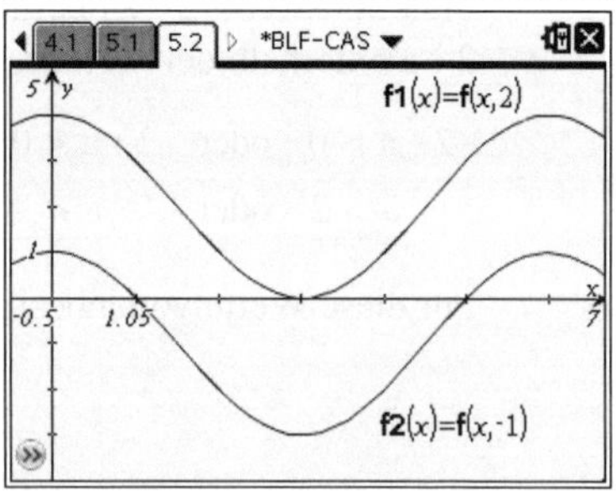

Um die Bedeutung der Parameter 2 und a des Graphen der Funktion $f_a(x) = 2\cos(x) + a$ inhaltlich besser zu verstehen, hilft hier das CAS, um schrittweise Veränderungen am Graphen der Funktion mit der Gleichung $y = \cos(x)$ vorzunehmen. Als erstes untersucht man den Einfluss des Parameters 2 auf den Graphen der Funktion $f_a(x)$ mit $a = 0$. Hier erkennt man die Streckung um den Faktor 2 in Richtung der y-Achse.

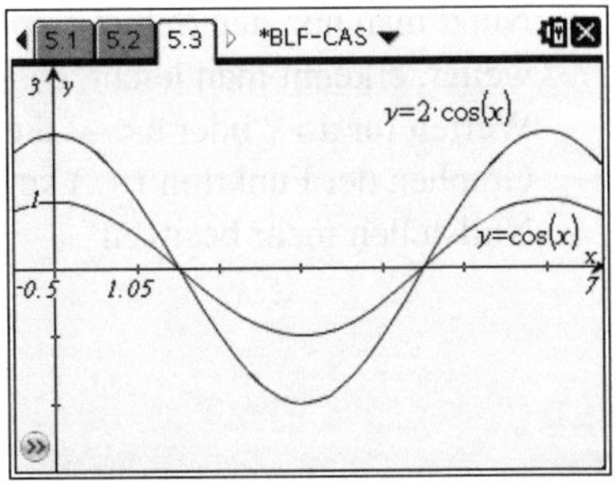

Mittels Schieberegler lässt sich nun darstellen, wie der Parameter a den Graphen der Funktion $y = 2\cos(x)$ entlang der y-Achse verschiebt. Dargestellt sind Beispiele für:

$a = 0$

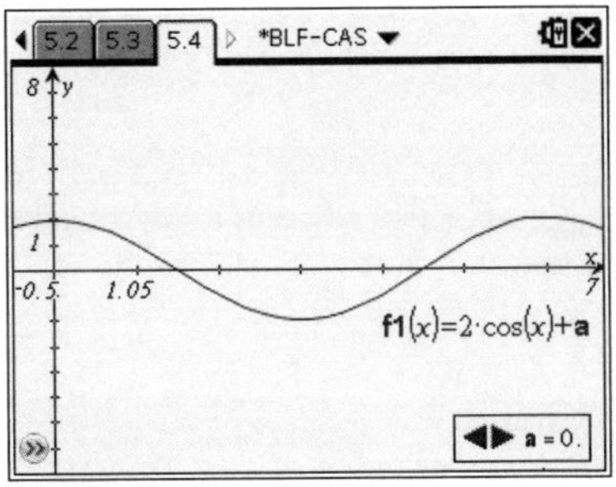

$a = -1$

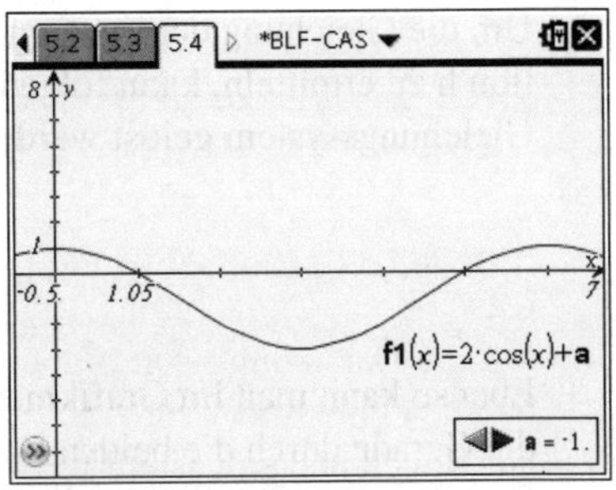

$a = 2$

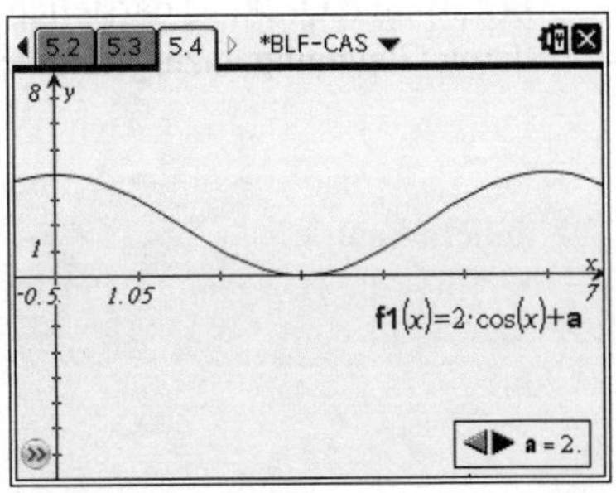

Nutzt man nun den Schieberegler weiter, erkennt man leicht, dass bei Werten für $a > 2$ oder $a < -2$ die Graphen der Funktion $f_a(x)$ keine Nullstellen mehr besitzen.

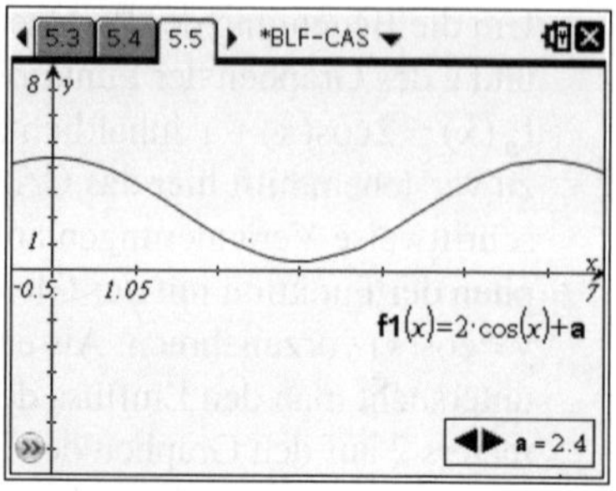

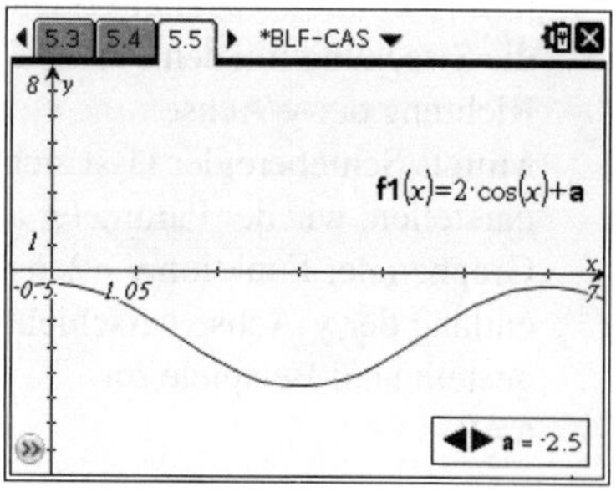

Um die Gleichung der linearen Funktion h zu ermitteln, kann folgendes Gleichungssystem gelöst werden:

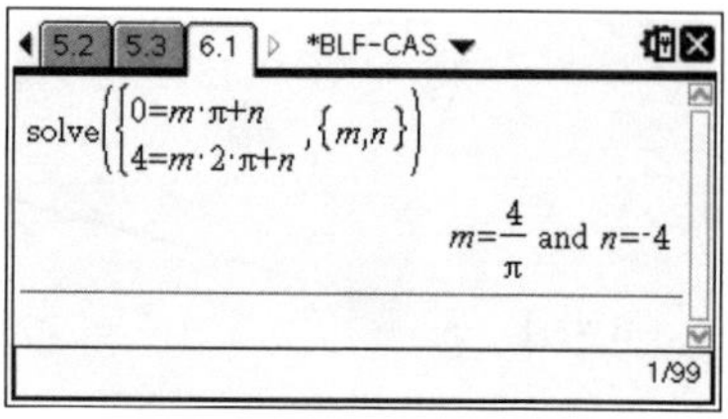

Ebenso kann man im Grafikmenü die Gerade durch die beiden Punkte P(π; 0) und Q(2π; 4) darstellen und deren Gleichung anzeigen lassen.

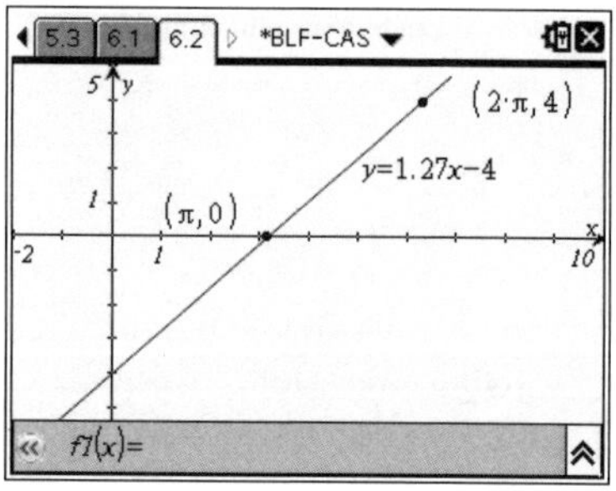

Besondere Leistungsfeststellung Thüringen 10. Klasse Mathematik 2012

Pflichtaufgabe

Ein besonderes und bekanntes Ausflugsziel in Thüringen ist der Baumkronenpfad im Nationalpark Hainich.

a) Der 300 m lange Rundgang auf dem Baumkronenpfad kann annähernd durch das Viereck ABCD dargestellt werden.

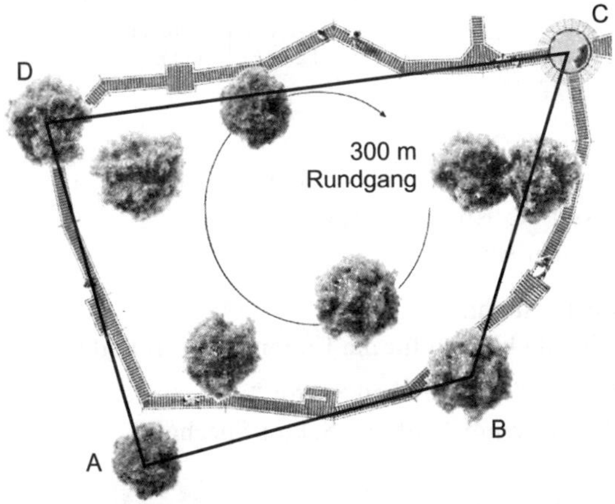

$\overline{AB} = 50$ m
$\overline{BC} = 80$ m
$\overline{CD} = 100$ m
$\overline{AD} = 70$ m
$\sphericalangle ADC = 80°$

© Nationalparkverwaltung Hainich, Gestaltungsatelier Papenfuß
(Skizze nicht maßstäblich)

Berechnen Sie die Größe der vom Baumkronenpfad eingeschlossenen Fläche. (3 BE)

b) Zwei Punkte auf dem Baumkronenpfad sind 30 m voneinander entfernt und befinden sich in einer Höhe von 20 m. Sie sind durch eine Hängebrücke verbunden, die in der Mitte 1 m durchhängt. Die Form der Hängebrücke kann näherungsweise durch eine Parabel beschrieben werden. Ermitteln Sie eine Gleichung dieser Parabel. (3 BE)

c) Bei einem Besuch des Baumkronenpfades zahlen vier Erwachsene und drei Kinder 43,00 € Eintritt. Sechs Erwachsene und fünf Kinder zahlen 66,00 € Eintritt.
Berechnen Sie den Eintrittspreis für einen Erwachsenen sowie für ein Kind. (3 BE)

Auf dem Baumkronenpfad befinden sich die Plattformen Fledermaus, Specht, Wildkatze und Schillerfalter. Eine Schulklasse wählt diese Motive für ein Glücksrad mit vier gleich großen Sektoren.

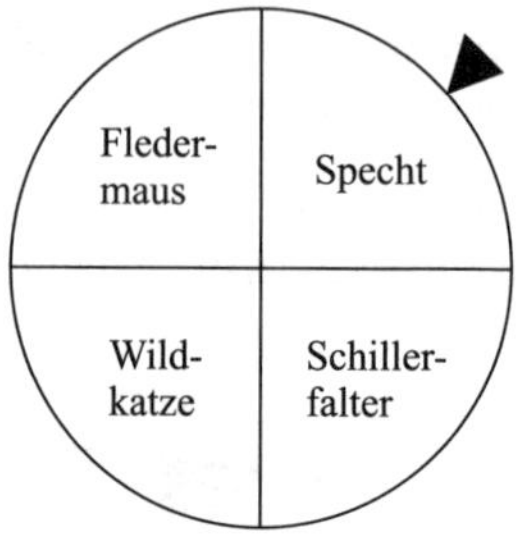

d) Die Kreisfläche wird aus einem Quadrat herausgeschnitten, dessen Seitenlänge dem Durchmesser des Kreises entspricht.
Berechnen Sie den prozentualen Abfall. (3 BE)

e) Das Glücksrad wird zweimal gedreht.
Berechnen Sie die Wahrscheinlichkeiten für die Ereignisse A, B und C.

A := „Der Pfeil zeigt zweimal auf den gleichen Sektor."
B := „Der Pfeil zeigt mindestens einmal auf den Sektor Specht."
$C := A \cap B$

Geben Sie das Ereignis C in Worten an.

Entscheiden und begründen Sie, ob das Ereignis D das Gegenereignis von B ist.
D := „Der Pfeil zeigt höchstens einmal auf den Sektor Specht." (5 BE)

Wahlaufgabe 1

1. Radioaktives Jod 131 zerfällt spontan. Es hat eine Halbwertszeit von ungefähr 8 Tagen, das heißt, in 8 Tagen halbieren sich die Masse und die Strahlungsstärke dieses radioaktiven Elementes. Zu Beginn der Beobachtungszeit ist ein Gramm Jod 131 vorhanden.

   a)

Zeit in Tagen	0	8	16	24	32	40
Masse von Jod 131 in Gramm	1					

   Ergänzen Sie die Tabelle für den Spontanzerfall von Jod 131.
   Stellen Sie die Zuordnung grafisch dar. (3 BE)

   b) Berechnen Sie die Masse des Jod 131 einen Tag nach Beobachtungsbeginn. (3 BE)

   c) Berechnen Sie, nach wie vielen Tagen noch 1 % der ursprünglichen Masse von Jod 131 vorhanden ist. (2 BE)

2. Der Graph einer linearen Funktion f verläuft durch die Punkte P(0; 1) und Q(8; 0,5).

   a) Geben Sie eine Gleichung der Funktion f an.
   Ermitteln Sie die Nullstelle dieser Funktion. (3 BE)

   b) Bestimmen Sie je eine Gleichung der linearen Funktionen g und h, für die Folgendes gilt:
   – Der Graph der Funktion g verläuft parallel zum Graphen von f.
   – Der Graph der Funktion h schneidet den Graphen von f im Punkt Q rechtwinklig. (3 BE)

3. In einer Lostrommel befinden sich 6 Gewinnlose und 14 Nieten.

   a) Aus der Lostrommel werden nacheinander einzeln Lose gezogen.
   Berechnen Sie die Wahrscheinlichkeit der folgenden Ereignisse:

   A := „Das dritte entnommene Los ist das erste Gewinnlos.“
   B := „Unter den ersten drei Losen ist genau ein Gewinnlos.“ (2 BE)

   b) In der Lostrommel sind zum Schluss genau vier Lose. Darunter befindet sich ein Gewinnlos.
   Vier Kinder dürfen nacheinander je ein Los ziehen.
   Paul behauptet: „Das erste Kind hat eine höhere Gewinnchance als das vierte Kind.“
   Stimmt das? Begründen Sie Ihre Entscheidung unter Nutzung eines geeigneten Baumdiagramms. (4 BE)

Wahlaufgabe A2

1. Gegeben sind die Funktionen $y = f_a(x) = a \cdot \sin x$ mit $a \in \mathbb{R}$, $a > 0$, $x \in \mathbb{R}$.

   a) Geben Sie den Wertebereich der Funktionen f_a in Abhängigkeit von a an. (1 BE)

   b) Für eine dieser Funktionen f_a ist folgende Wertetabelle gegeben:

x	0	$0{,}5\pi$	π	$1{,}5\pi$
y	0	2	0	–2

   Skizzieren Sie die Funktion mindestens im Intervall $0 \le x \le 2\pi$.
   Geben Sie eine zugehörige Funktionsgleichung an. (2 BE)

   c) Gegeben ist die Funktion $f_3(x) = 3 \cdot \sin x$.
   (1) Der Graph von f_3 wird um zwei Einheiten in Richtung der positiven y-Achse verschoben.
   (2) Der Graph von f_3 wird an der x-Achse gespiegelt.
   Geben Sie jeweils eine Funktionsgleichung an. (2 BE)

2. Zeigen Sie, dass für alle reellen Zahlen x mit $x \neq -1$ die Gleichung $\left(10^{x^2-1}\right)^{\frac{1}{x+1}} = 10^{x-1}$ gilt. (2 BE)

3. Ein Glücksrad (siehe Skizze) hat zwei ungleich große Sektoren, wobei Sektor A der kleinere der beiden ist.

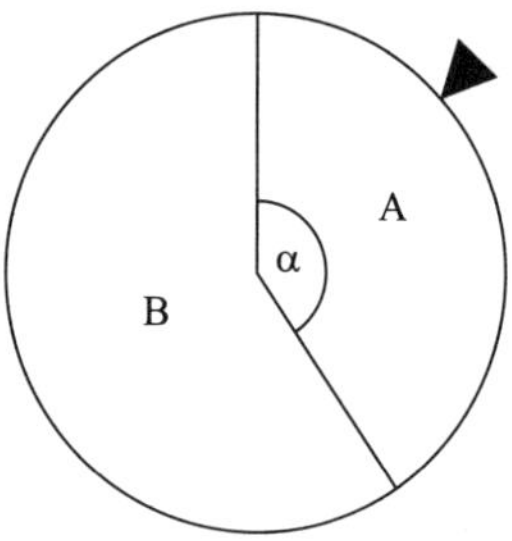

   a) Bei einem Glücksrad beträgt die Größe des Winkels im kleineren Sektor $\alpha = 120°$.
   Berechnen Sie die Wahrscheinlichkeit, dass bei zweimaligem Drehen unterschiedliche Sektoren angezeigt werden. (2 BE)

   b) Bei einem weiteren Glücksrad beträgt die Wahrscheinlichkeit 0,48, dass bei zweimaligem Drehen unterschiedliche Sektoren angezeigt werden.
   Berechnen Sie für dieses Glücksrad die Größe des Winkels α. (3 BE)

4. In der Zweitafelprojektion ist ein Pflanzgefäß aus Beton dargestellt.
Der Außendurchmesser und die Außenhöhe des Gefäßes betragen jeweils 50 cm.
Die Stärken der Wand und des Bodens betragen 5 cm.
Die Dichte des Betons beträgt $2{,}4\ \text{kg} \cdot \text{dm}^{-3}$.
Berechnen Sie die Masse des Pflanzgefäßes.

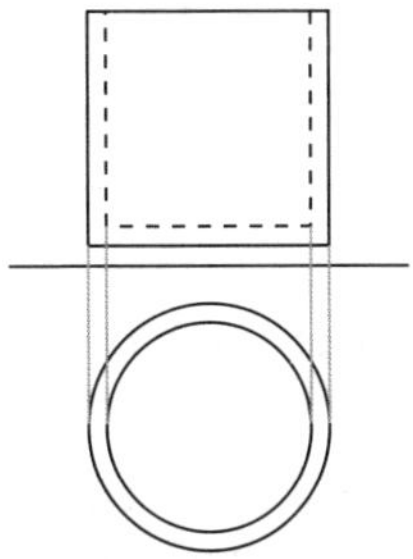

(5 BE)

5. Ein kegelförmiges Kelchglas (siehe Skizze) ist bis 2 cm unter den Rand gefüllt.
Berechnen Sie das Volumen der Flüssigkeit.

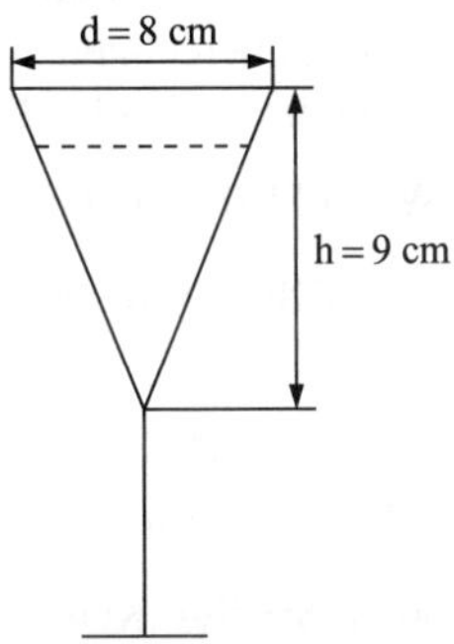

(3 BE)

Tipps und Hinweise zu den Lösungen

Pflichtaufgabe

a)

Die gesamte Fläche ABCD setzt sich aus den Dreiecksflächen der Dreiecke ACD und ABC zusammen.

Den Flächeninhalt des Dreiecks ACD kann man sofort berechnen, da die Länge von zwei Dreiecksseiten und die Größe des eingeschlossenen Winkels gegeben sind.

Vom Dreieck ABC sind die Längen zweier Seiten bekannt. Um den Flächeninhalt dieses Dreiecks berechnen zu können, benötigt man noch die Größe desjenigen Winkels, der von diesen beiden Seiten eingeschlossen wird.

Diesen Winkel berechnet man mit dem Kosinussatz im Dreieck ABC.

Die dafür fehlende Seite $\overline{AC}$ berechnet man mit dem Kosinussatz im Dreieck ACD.

b)

Beachten Sie die besondere Lage der Parabel im Koordinatensystem unter Ausnutzung der Achsensymmetrie.

Wiederholen Sie Ihre Kenntnisse über den Einfluss der Parameter a und c auf die Funktion $y = f(x) = a \cdot x^2 + c$.

Mit Ihrem CAS können Sie die Funktionsgleichung auch durch eine Regression ermitteln.

c)

Stellen Sie ein Gleichungssystem auf und lösen Sie dieses z. B. mit dem Additionsverfahren oder nutzen Sie ein CAS.

d)

Fertigen Sie eine Skizze an und beschriften Sie diese. Erkennen Sie den Zusammenhang zwischen dem Radius r des Kreises und der Seitenlänge des Quadrates.

Berechnen Sie die Flächeninhalte des Kreises und des Quadrates.

Setzen Sie diese ins Verhältnis, um den prozentualen Abfall zu berechnen.

e)

Die Sektoren des Glücksrades sind gleich groß, die Wahrscheinlichkeit für das Drehen eines Sektors beträgt somit $\frac{1}{4}$.

Beachten Sie, dass Ereignis und Gegenereignis keine gemeinsamen Ergebnisse enthalten.

Wahlaufgabe A1

1 a)

Bei dieser Aufgabe liegt ein exponentieller Zerfall vor.

Verdeutlichen Sie sich die Bedeutung der Halbwertszeit.

1 b)

Stellen Sie die zugehörige Zerfallsgleichung auf und bestimmen Sie daraus die Masse nach einem Tag. Die Anfangsmasse ist mit 1 Gramm gegeben.

1 c)

Setzen Sie die Zerfallsgleichung gleich 1 % bzw. 0,01 und stellen Sie die entstandene Gleichung nach n um. Nutzen Sie dafür auch Ihr CAS.

2 a)

Wiederholen Sie die Möglichkeiten zur Bestimmung der Funktionsgleichung von linearen Funktionen. Beachten Sie dabei, dass bei dieser einfachen Aufgabe das CAS auch nur mal zur Kontrolle eingesetzt werden kann.

2 b)

Nutzen Sie für die Lösung dieser Aufgabe Ihre Kenntnisse über die Bedeutung von m und n in der Gleichung einer linearen Funktion $y = f(x) = m \cdot x + n$.

3

Bei dieser Aufgabe handelt es sich um einen mehrstufigen Ziehungsvorgang ohne Zurücklegen der gezogenen Lose. Damit verändert sich die Wahrscheinlichkeit bei jedem Ziehungsvorgang.

3 a)

Fertigen Sie ein Baumdiagramm an oder bestimmen Sie die Wahrscheinlichkeiten durch inhaltliche Überlegungen, indem Sie die Wahrscheinlichkeiten der Ereignisse gleich berechnen.

3 b)

Das geforderte Baumdiagramm besitzt vier Stufen.

Wahlaufgabe A2

Wiederholen Sie Ihre Kenntnisse über die Sinusfunktion sowie über die Bedeutung des Parameters a bei der Funktion $y = f_a(x) = a \cdot \sin x$.

1 a)

Der Wert des Parameters a bestimmt den Wertebereich.

1 b)

Finden Sie die Bedeutung der vorgegebenen Wertepaare in der Wertetabelle heraus. Beachten Sie dabei die kleinste Periode, die Nullstellen sowie die Hoch- und Tiefpunkte der Funktion f_a.

1 c)

Überlegen Sie sich die Bedeutung von Parametern bei der Verschiebung von Funktionsgraphen in Richtung der y-Achse sowie der Spiegelung an der x-Achse.

2

Formen Sie die linke Seite der Gleichung mittels geeigneter Potenzgesetze schrittweise um, sodass der Term der rechten Seite der Gleichung entsteht. Nutzen Sie dabei auch die Umkehrung der binomischen Formeln.

3 a)

Der Winkel α bestimmt die Größe des kleineren Sektors des Glücksrades. Dessen Anteil am Vollkreis bestimmt die Wahrscheinlichkeit beim einmaligen Drehen des Glücksrades. Daraus kann die Wahrscheinlichkeit für das einmalige Drehen des größeren Sektors angegeben werden.

Das zweimalige Drehen wird durch ein zweistufiges Zufallsexperiment beschrieben.

3 b)

P(AB; BA) soll nun 0,48 betragen. Überlegen Sie, welchen Zusammenhang es zwischen P(AB) und P(BA) gibt. Berechnen Sie darüber P(A) und anschließend α.

Zur Berechnung von P(A) ist eine quadratische Gleichung zu lösen.

4

Um die Masse des Pflanzgefäßes zu berechnen, muss man bei Vorgabe der Dichte zuerst dessen Volumen bestimmen.

Das Volumen des Pflanzgefäßes ergibt sich als Differenz der Volumina von zwei Kreiszylindern.

Beachten Sie dabei besonders die Angaben der Wandstärken.

5

Auch die Flüssigkeit im Sektglas entspricht einem Kreiskegel. Um sein Volumen zu berechnen, benötigt man zuerst seine Maße (Höhe, Durchmesser).

Das Sektglas und die Flüssigkeit bilden im Querschnitt eine Strahlensatzfigur.

Mithilfe des Strahlensatzes lässt sich der Durchmesser des Kreiskegels bestimmen.

Die Höhe ist in der Aufgabenstellung indirekt gegeben, da das Glas bis 2 cm unter den Rand gefüllt und das Glas 9 cm hoch ist.

Lösungen

Pflichtaufgabe

a) Gegeben: Rundgang ABCD auf dem Baumkronenpfad in Form eines Vierecks

$\overline{AB} = 50\text{ m}$

$\overline{BC} = 80\text{ m}$

$\overline{CD} = 100\text{ m}$

$\overline{AD} = 70\text{ m}$

$\sphericalangle ADC = 80° = \delta$

Gesucht: Größe der Vierecksfläche ABCD

Skizze:

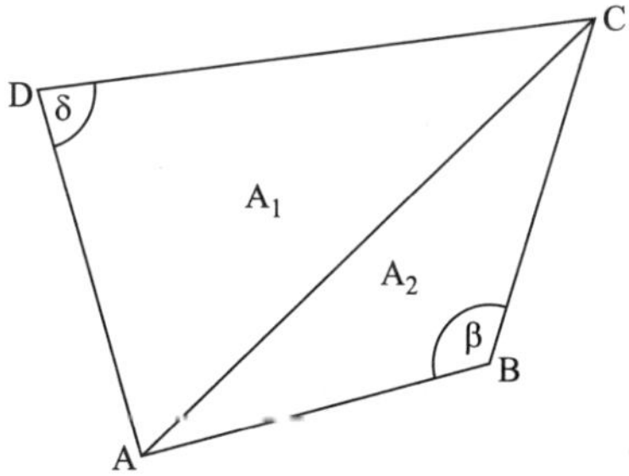

(Skizze nicht maßstäblich)

Um den Flächeninhalt des Vierecks ABCD zu berechnen, unterteilt man dieses in die Dreiecke ACD und ABC.

Flächeninhalt A_1 des Dreiecks ACD:

$$A_1 = \frac{1}{2} \cdot \overline{AD} \cdot \overline{CD} \cdot \sin\delta$$

$$A_1 = \frac{1}{2} \cdot 70\text{ m} \cdot 100\text{ m} \cdot \sin 80°$$

$$\underline{\underline{A_1 \approx 3\,447\text{ m}^2}}$$

Für die Berechnung des Flächeninhaltes A_2 des Dreiecks ABC benötigt man noch die Größe eines Innenwinkels, z. B. $\sphericalangle ABC = \beta$. Diesen erhält man mit dem Kosinussatz im Dreieck ABC, dafür wird aber noch die Seite $\overline{AC}$ benötigt. Die Länge der Seite $\overline{AC}$ berechnet man mit dem Kosinussatz im Dreieck ACD.

$$\overline{AC}^2 = \overline{AD}^2 + \overline{CD}^2 - 2 \cdot \overline{AD} \cdot \overline{CD} \cdot \cos\delta$$

$$\overline{AC}^2 = (70\text{ m})^2 + (100\text{ m})^2 - 2 \cdot 70\text{ m} \cdot 100\text{ m} \cdot \cos 80°$$

$$\underline{\overline{AC} \approx 111{,}66\text{ m}}$$

Für die Berechnung des Winkels $\sphericalangle ABC = \beta$ gilt:

$$\overline{AC}^2 = \overline{AB}^2 + \overline{BC}^2 - 2 \cdot \overline{AB} \cdot \overline{BC} \cdot \cos\beta \qquad | + 2 \cdot \overline{AB} \cdot \overline{BC} \cdot \cos\beta$$

$$\overline{AC}^2 + 2 \cdot \overline{AB} \cdot \overline{BC} \cdot \cos\beta = \overline{AB}^2 + \overline{BC}^2 \qquad | - \overline{AC}^2$$

$$2 \cdot \overline{AB} \cdot \overline{BC} \cdot \cos\beta = \overline{AB}^2 + \overline{BC}^2 - \overline{AC}^2 \qquad | : 2 \cdot \overline{AB} \cdot \overline{BC}$$

$$\cos\beta = \frac{\overline{AB}^2 + \overline{BC}^2 - \overline{AC}^2}{2 \cdot \overline{AB} \cdot \overline{BC}}$$

$$\cos\beta = \frac{(50\text{ m})^2 + (80\text{ m})^2 - (111{,}66\text{ m})^2}{2 \cdot 50\text{ m} \cdot 80\text{ m}}$$

$$\underline{\beta \approx 116{,}5^\circ}$$

Flächeninhalt A_2 des Dreiecks ABC:

$$A_2 = \frac{1}{2} \cdot \overline{AB} \cdot \overline{BC} \cdot \sin\beta$$

$$A_2 \approx \frac{1}{2} \cdot 50\text{ m} \cdot 80\text{ m} \cdot \sin 116{,}5^\circ$$

$$\underline{A_2 \approx 1\,790\text{ m}^2}$$

Die Größe der Fläche beträgt damit:

$$A = A_1 + A_2$$

$$A \approx 3\,447\text{ m}^2 + 1\,790\text{ m}^2$$

$$\underline{\underline{A \approx 5\,237\text{ m}^2}}$$

Alternativer Lösungsweg mit einem CAS:
Die gegeben Größen werden abgespeichert.

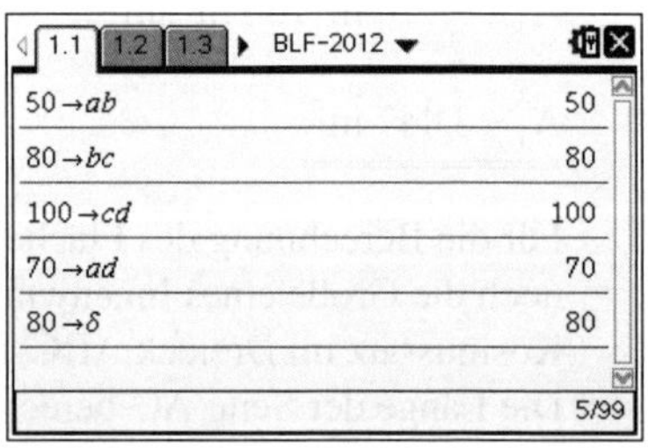

Berechnung des Flächeninhaltes A_1 des Dreiecks ACD.

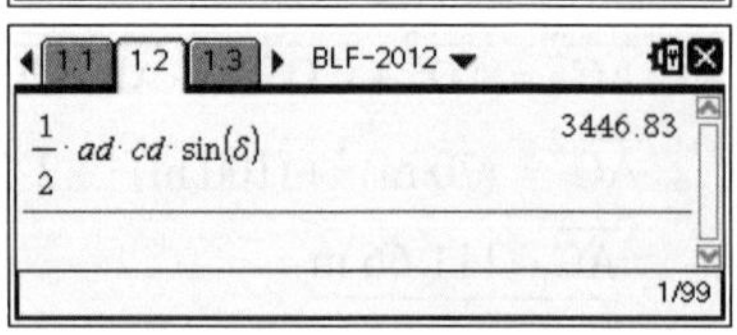

Berechnung der Seite $\overline{AC}$ mit dem Kosinussatz im Dreieck ACD.

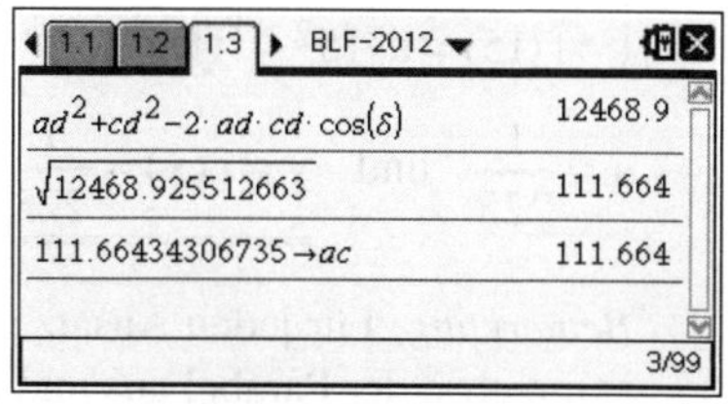

Berechnung des Winkels β mit dem Kosinussatz im Dreieck ABC.
Beachten Sie dabei, dass für den Winkel β gilt: $0° < \beta < 180°$

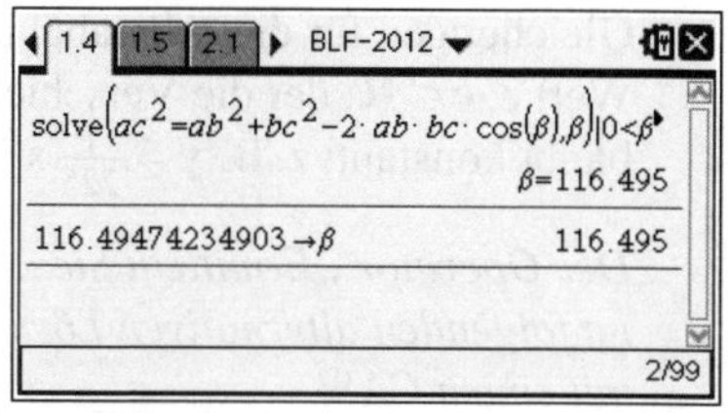

Berechnung des Flächeninhaltes A_2 des Dreiecks ABC.

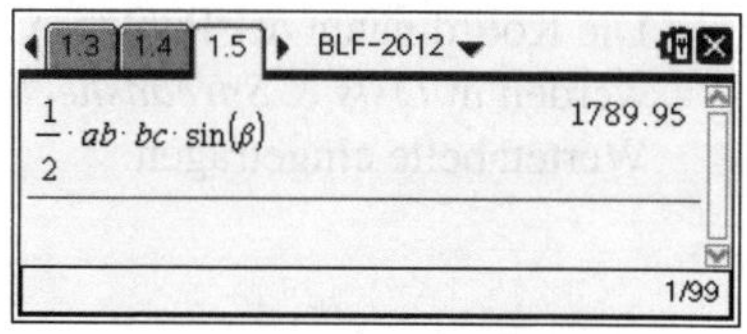

b) Um eine Gleichung dieser Parabel zu ermitteln, muss man sich anfangs für die Lage der Parabel im Koordinatensystem entscheiden. Dafür gibt es verschiedene Möglichkeiten. Eine besteht darin, die tiefste Stelle der Hängebrücke in den Koordinatenursprung zu legen.

Skizze:

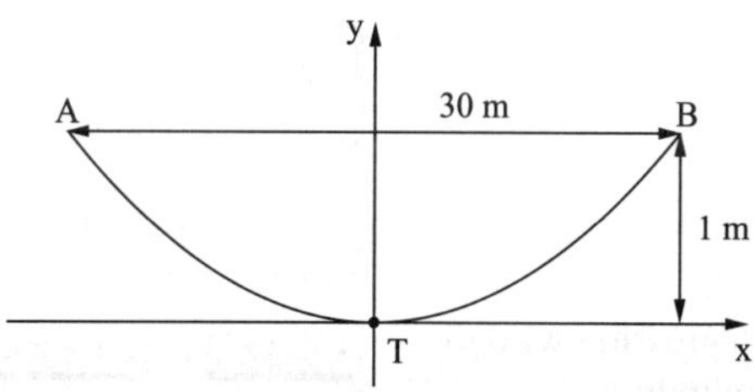

(Skizze nicht maßstäblich)

Damit lassen sich die Koordinaten folgender Punkte bestimmen:
T(0; 0)
A(–15; 1)
B(15; 1)

Für die Gleichung dieser Parabel gilt:
$y = f(x) = ax^2$

Nach Einsetzen der Koordinaten der Punkte A oder B erhält man:

$1 = f(15) = a \cdot 15^2 \quad \big| : 15^2$

$\underline{a = \frac{1}{225}}$ und $\underline{\underline{y = f(x) = \frac{1}{225}x^2}}$

Bemerkung: Für jeden Ansatz nutzt man sicherlich die Eigenschaft der Achsensymmetrie der Parabel aus und legt den tiefsten Punkt auf die y-Achse. Andere Gleichungen für diese Parabel unterscheiden sich dann nur noch durch einen Wert c, $c \in \mathbb{R}$, der die Verschiebung auf der y-Achse beschreibt. Der Wert von a bleibt konstant; z. B. $y = \frac{1}{225}x^2 + 19$.

Der Operator „Ermitteln Sie …" gestattet folgenden alternativen Lösungsweg mit einem CAS:
Die Koordinaten der Punkte A, B und T werden in *Lists & Spreadsheet* in eine Wertetabelle eingetragen.

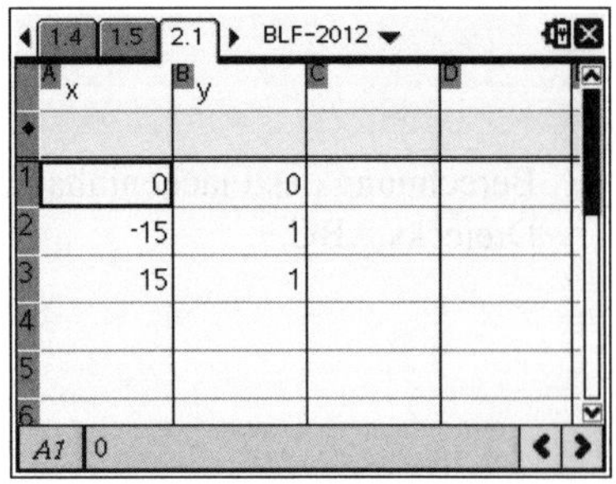

Die Koordinaten der Punkte werden in *Data & Statistics* übertragen.

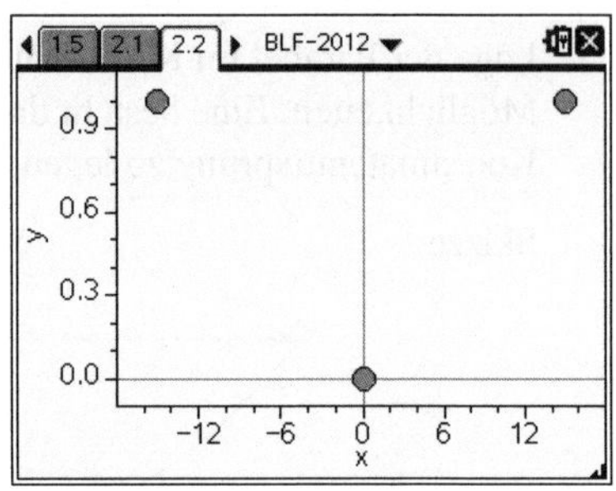

Mittels quadratischer Regression wird die Funktionsgleichung ermittelt:

$y = f(x) = 0{,}00\overline{4} \cdot x^2$

Es gilt:

$0{,}00\overline{4} = \frac{4}{900} = \frac{1}{225}$

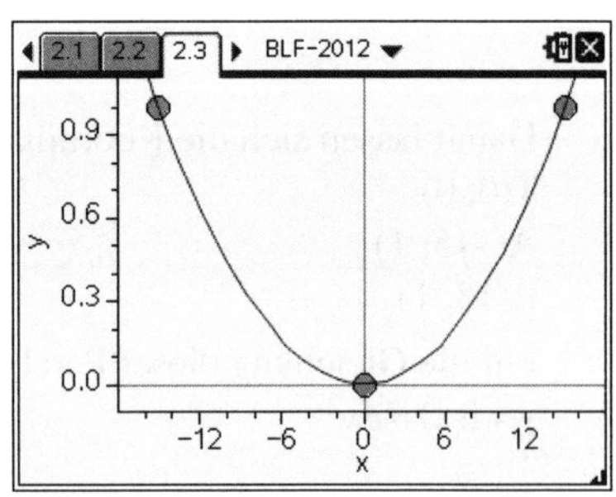

c) Für die Höhe der Eintrittspreise für die Erwachsenen (e) und die Kinder (k) kann das folgende Gleichungssystem aufgestellt werden:

$$\begin{array}{ll} \text{(I)} & 4e+3k=43 \\ \underline{\text{(II)}} & \underline{6e+5k=66} \end{array}$$

Das Gleichungssystem kann durch verschiedene Verfahren gelöst werden, hier wird das Additionsverfahren genutzt:

$$\begin{array}{lrrrl} \text{(I)} & 4e+ & 3k= & 43 & |\cdot 3 \\ \text{(II)} & 6e+ & 5k= & 66 & |\cdot 2 \\ \hline \text{(I')} & 12e+ & 9k= & 129 & \\ \text{(II')} & 12e+ & 10k= & 132 & \\ \hline \text{(II')}-\text{(I')} & & k= & 3 & \end{array}$$

Nach Einsetzen von $k=3$ in eine der Gleichungen erhält man $e=8{,}5$.

Der Eintrittspreis für einen Erwachsenen beträgt 8,50 € und für ein Kind 3,00 €.

Alternativer Lösungsweg mit einem CAS:
Mittels solve-Befehl erhält man ebenfalls $k=3$ und $e=8{,}5$.

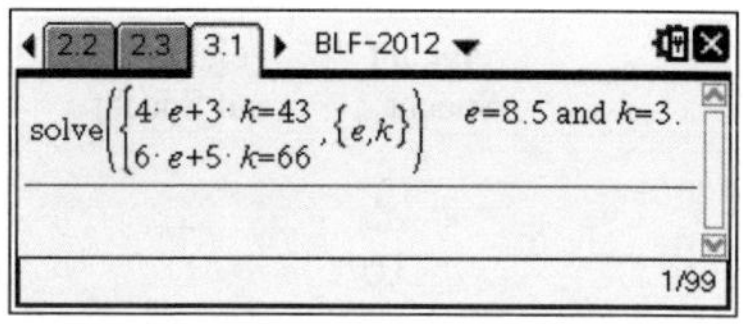

d) Flächeninhalt des Quadrates:

$A_Q=(2r)^2=4r^2$

Flächeninhalt des Kreises:

$A_K=\pi r^2$

Prozentualer Abfall:

$$\frac{A_K}{A_Q}=\frac{p}{100\,\%}$$

$$\frac{\pi r^2}{4r^2}=\frac{p}{100\,\%}$$

$p=25\pi\,\%$

$\underline{p\approx 78{,}5\,\%}$

Skizze:

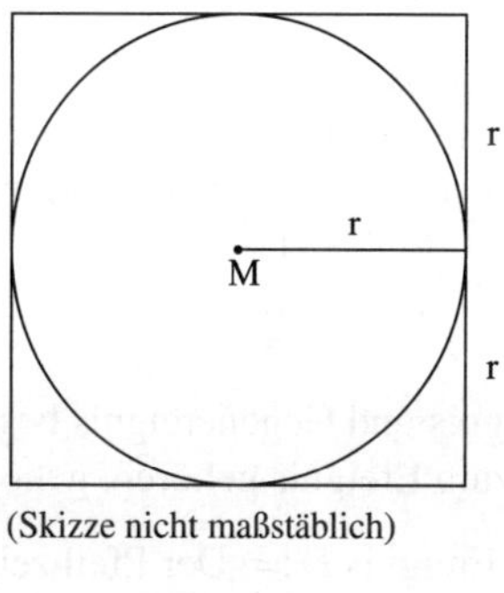

(Skizze nicht maßstäblich)

Die Fläche des Kreises entspricht somit 78,5 % der Fläche des Quadrates und der prozentuale Abfall beträgt 100 % − 78,5 % = $\underline{\underline{21{,}5\,\%}}$.

e) Gegeben ist ein Glücksrad mit 4 gleichen Sektoren.

Die Wahrscheinlichkeit, dass das Glücksrad beim einmaligen Drehen auf einem der 4 Sektoren stehen bleibt, ist damit gleich verteilt und beträgt $\frac{1}{4}$.
Das Glücksrad wird nun zweimal gedreht.

P(A) = P(„Der Pfeil zeigt zweimal auf den gleichen Sektor.")

$$= \underbrace{4}_{\text{4 verschiedene Sektoren}} \cdot \underbrace{\frac{1}{4} \cdot \frac{1}{4}}_{\text{Es wird zweimal der gleiche Sektor gedreht.}}$$

$$= \underline{\underline{\frac{1}{4} = 0{,}25}}$$

P(B) = P(„Der Pfeil zeigt mindestens einmal auf den Sektor Specht.")
= P(„Genau einmal Sektor Specht") + P(„Zweimal Sektor Specht")

$$= \frac{1}{4} \cdot \frac{3}{4} + \frac{3}{4} \cdot \frac{1}{4} + \frac{1}{4} \cdot \frac{1}{4}$$

(zeigt auf Specht; zeigt nicht auf Specht; zeigt auf Specht)

$$= \frac{3}{16} + \frac{3}{16} + \frac{1}{16}$$

$$= \underline{\underline{\frac{7}{16}}}$$

$C := A \cap B$
Es ist leicht zu erkennen, dass das Ereignis C durch „Es wird zweimal der Sektor Specht angezeigt" beschrieben werden kann. Somit ist:

$$P(C) = \frac{1}{4} \cdot \frac{1}{4} = \underline{\underline{\frac{1}{16}}}$$

Ereignis und Gegenereignis besitzen keine gemeinsamen Elemente. Ergebnisse, die zum Ereignis gehören, gehören also nicht zum Gegenereignis.

Das Ereignis D := „Der Pfeil zeigt höchstens einmal auf den Sektor Specht" kann **nicht** das Gegenereignis von B sein, denn bei **beiden** Ereignissen B und D ist es zulässig, dass einmal auf den Sektor Specht gedreht wurde.

Wahlaufgabe A1

1. Der Spontanzerfall von radioaktivem Jod 131 kann durch einen exponentiellen Zerfall mit einer Halbwertszeit von etwa 8 Tagen beschrieben werden.

   a) Die Tabelle kann somit recht einfach durch inhaltliche Überlegungen ergänzt werden, denn nach jeweils 8 Tagen ist immer nur noch die Hälfte der Masse des ursprünglichen Jod 131 vorhanden.

Zeit in Tagen	0	8	16	24	32	40
Masse von Jod 131 in Gramm	1	$\frac{1}{2}$	$\frac{1}{4}$	$\frac{1}{8}$	$\frac{1}{16}$	$\frac{1}{32}$

   Trägt man die Wertepaare in ein Koordinatensystem ein und beachtet, dass es sich hierbei um einen exponentiellen Zerfall handelt, erhält man die folgende grafische Darstellung:

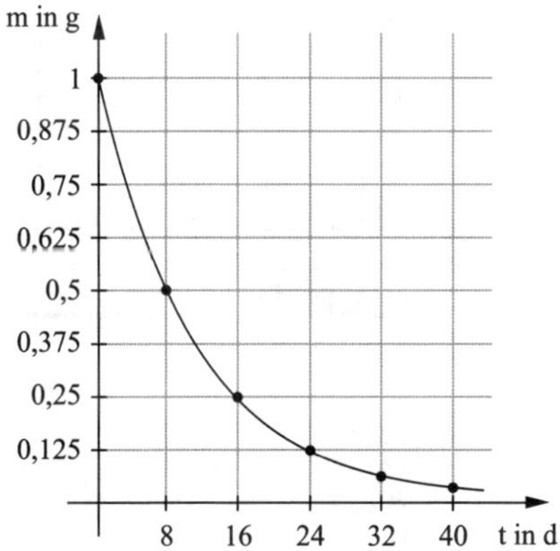

   b) Aufstellen der Gleichung für den exponentiellen Zerfall

   $m(n) = m_0 \cdot a^n$ m(n) … Masse nach n Tagen
   m_0 … Anfangsmasse $m_0 = 1$
   n … Dauer in Tagen

   Die Halbwertszeit beträgt 8 Tage, somit gilt:

   $$\frac{1}{2} = 0{,}5 = 1 \cdot a^8$$

   $$\underline{a = \sqrt[8]{0{,}5}} \quad \text{und} \quad m(n) = 1 \cdot \sqrt[8]{0{,}5}^{\,n}$$

   Masse von Jod 131 nach einem Tag:

   $$m(1) = 1 \cdot (\sqrt[8]{0{,}5})^1$$

   $$\underline{\underline{m(1) \approx 0{,}917\ \text{g}}}$$

c) Die Anzahl der Tage, nach denen nur noch 1 % der ursprünglichen Masse von Jod 131 vorhanden ist, lässt sich mittels folgenden Ansatzes berechnen:

$$0{,}01 = 1 \cdot \sqrt[8]{0{,}5}^{\,n} \qquad |\ln$$

$$\ln 0{,}01 = \ln \sqrt[8]{0{,}5}^{\,n} \qquad |\text{Logarithmengesetz}$$

$$\ln 0{,}01 = n \cdot \ln \sqrt[8]{0{,}5} \qquad |: \ln \sqrt[8]{0{,}5}$$

$$\underline{\underline{n \approx 53}}$$

Nach etwa 53 Tagen ist nur noch 1 % der ursprünglichen Masse vorhanden.

Alternativer Lösungsweg mit einem CAS:
Für die grafische Darstellung des exponentiellen Zerfalls gibt man die Wertepaare in *Lists & Spreadsheet* in eine Wertetabelle ein.

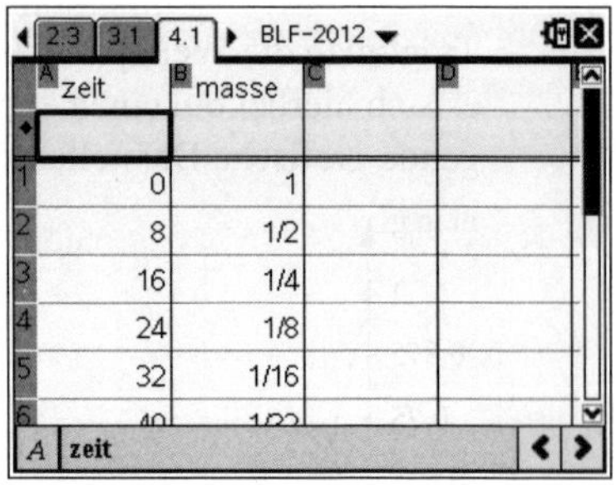

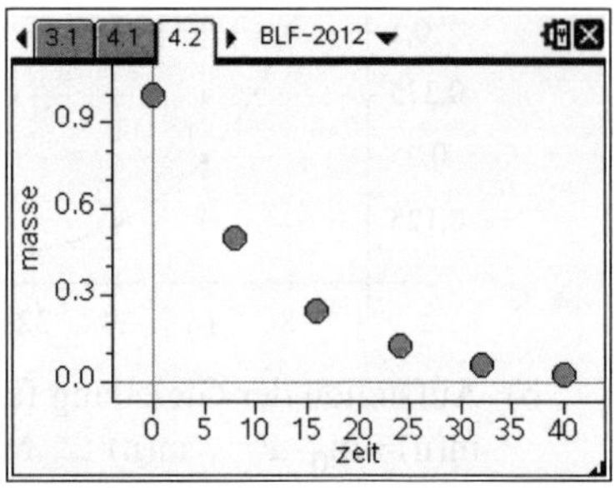

Man erhält in *Data & Statistics* mittels exponentieller Regression die folgende grafische Darstellung mit der Anzeige der Funktionsgleichung $f(x) = 1 \cdot (0{,}917004)^x$.

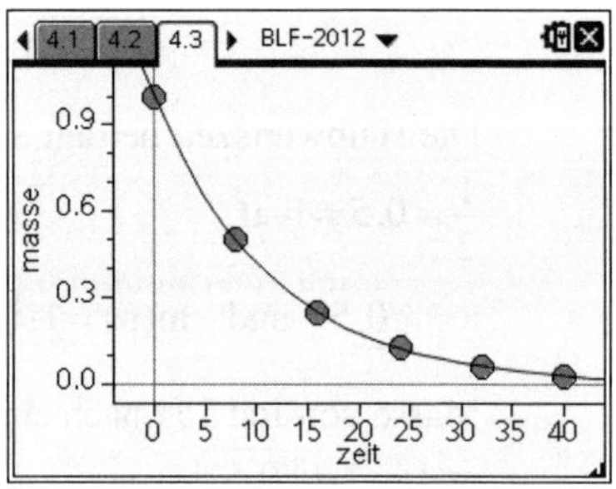

Diese Funktionsgleichung kann auch durch inhaltliche Überlegung aufgestellt und unter m(n) abgespeichert werden. Damit berechnet man dann die Masse nach einem Tag m(1). Löst man die Gleichung $m(n) = \frac{1}{100}$ nach n auf, erhält man die gesuchte Anzahl n der Tage.

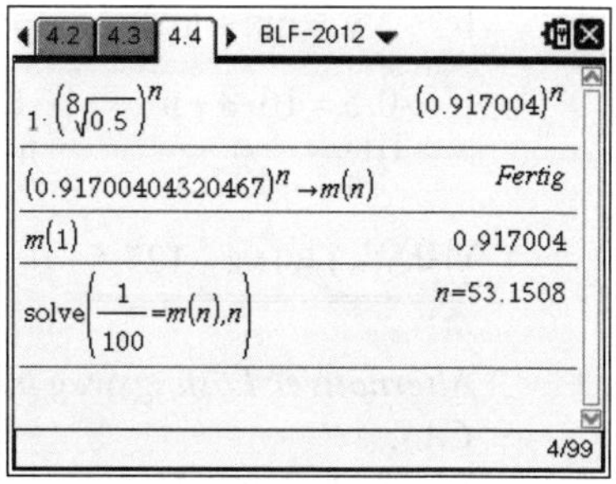

2. Graph einer linearen Funktion durch die Punkte P(0; 1) und Q(8; 0,5)

a) Eine lineare Funktion lässt sich durch eine Funktionsgleichung $y = f(x) = mx + n$ darstellen. Durch die Angabe der Koordinaten des Punktes P(0; 1) kann man $\underline{n = 1}$ sofort ablesen. Den Wert von m erhält man durch Einsetzen der Koordinaten des Punktes Q in die Funktionsgleichung.

$$y = f(x) = mx + n$$
$$0{,}5 = f(8) = m \cdot 8 + 1$$
$$m = -\frac{1}{16}$$
$$\underline{\underline{y = f(x) = -\frac{1}{16}x + 1}}$$

Ermitteln der Nullstelle:

$$f(x) = 0 = -\frac{1}{16}x + 1$$
$$\underline{\underline{x_0 = 16}}$$

b) Der Graph einer Funktion g verläuft parallel zum Graphen von f, wenn der Anstieg $m = -\frac{1}{16}$ konstant bleibt und der Wert von n sich ändert, z. B.:

$$\underline{\underline{y = g(x) = -\frac{1}{16}x + 3}}$$

Der Graph einer Funktion h schneidet den Graphen von f im Punkt Q rechtwinklig, wenn für die Anstiege m_f und m_h gilt: $m_f \cdot m_h = -1$

Somit ist $m_h = 16$ und die Gleichung der Funktion h kann nun aufgestellt werden.

h: $y = mx + n \qquad m = 16;\; Q(8; 0,5)$

$$0,5 = 16 \cdot 8 + n \qquad \mid -128$$

$$n = -127,5$$

$$\underline{\underline{y = h(x) = 16x - 127,5}}$$

Alternativer Lösungsweg mit einem CAS:
Wie in Teilaufgabe 1 c kann auch hier die Funktionsgleichung von f durch eine Regression (hier: lineare Regression) ermittelt werden.
Man erhält die Funktionsgleichung:
$y = f(x) = -0,0625x + 1$ bzw.

$$y = f(x) = -\frac{1}{16}x + 1$$

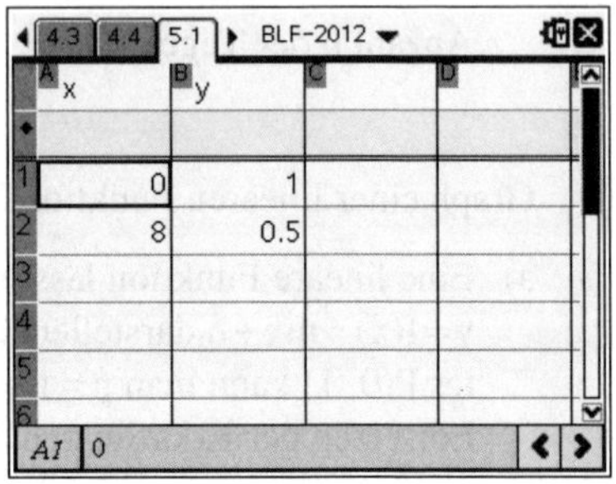

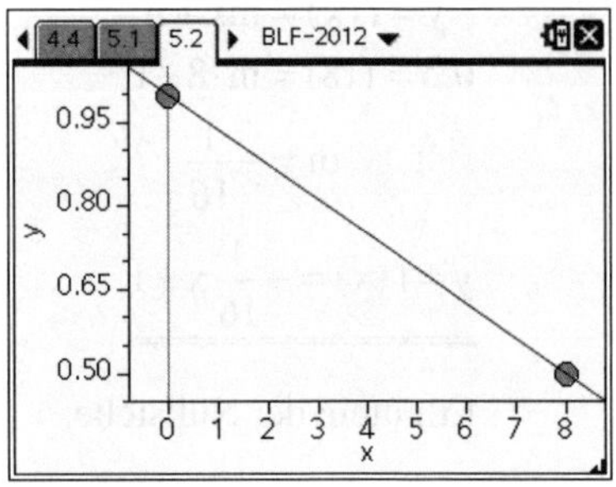

Auch die Lösung eines Gleichungssystems führt zur Funktionsgleichung für die Funktion f. Dargestellt sind weiterhin die Ermittlung der Nullstelle und eine Kontrollmöglichkeit für die Bestimmung der Funktionsgleichung h der Senkrechten zum Graphen von f durch den Punkt Q.

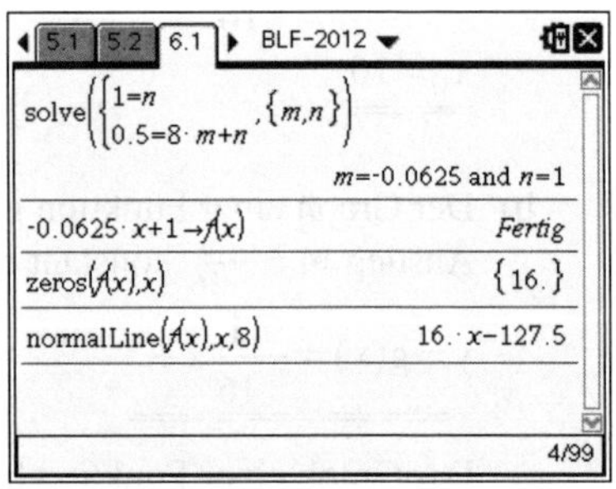

3. a) Bei der Entnahme der Lose aus der Lostrommel mit 6 Gewinnlosen (G) und 14 Nieten (N) handelt es sich um einen Ziehungsvorgang ohne Zurücklegen. Damit ändern sich die einzelnen Wahrscheinlichkeiten. Mithilfe eines Baumdiagramms, auf das hier verzichtet wird, oder durch inhaltliche Überlegungen kann man die Wahrscheinlichkeiten der Ereignisse bestimmen.

$P(A) = P(„\text{Das dritte entnommene Los ist das erste Gewinnlos.}“)$
$= P(NNG)$

$$= \frac{14}{20} \cdot \frac{13}{19} \cdot \frac{6}{18}$$

14 Nieten unter 20 Losen	nur noch 13 Nieten unter 19 Losen	6 Gewinnlose unter nur noch 18 Losen

$$= \underline{\underline{\frac{91}{570} \approx 0{,}16}}$$

$P(B) = P(„\text{Unter den ersten drei Losen ist genau ein Gewinnlos.}“)$
$= P(NNG) + P(NGN) + P(GNN)$

$$= \frac{91}{570} + \frac{14}{20} \cdot \frac{6}{19} \cdot \frac{13}{18} + \frac{6}{20} \cdot \frac{14}{19} \cdot \frac{13}{18}$$

$$= \underline{\underline{\frac{91}{190} \approx 0{,}48}}$$

b) Lostrommel mit 4 Losen, darunter 1 Gewinnlos G und 3 Nieten N.

Man könnte in die Versuchung kommen, Paul zu glauben, aber mit der Nutzung eines Baumdiagramms kann man seine Behauptung schnell widerlegen.

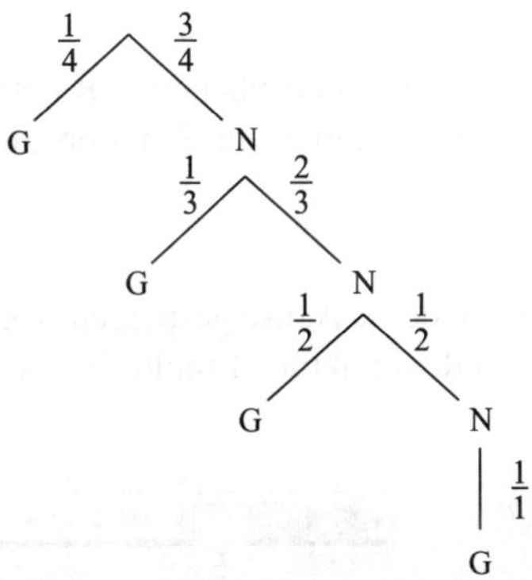

1. $P(„\text{erstes Kind gewinnt}“) = \underline{\underline{\frac{1}{4}}}$

2. $P(„\text{zweites Kind gewinnt}“) = \frac{3}{4} \cdot \frac{1}{3} = \underline{\underline{\frac{1}{4}}}$

3. $P(„\text{drittes Kind gewinnt}“) = \frac{3}{4} \cdot \frac{2}{3} \cdot \frac{1}{2} = \underline{\underline{\frac{1}{4}}}$

4. $P(„\text{viertes Kind gewinnt}“) = \frac{3}{4} \cdot \frac{2}{3} \cdot \frac{1}{2} \cdot \frac{1}{1} = \underline{\underline{\frac{1}{4}}}$

Alle Kinder haben die gleiche Gewinnchance von $\frac{1}{4}$.
Damit ist Pauls Behauptung widerlegt.

Wahlaufgabe A2

1. Gegeben: $y = f_a(x) = a \cdot \sin x$ mit $a \in \mathbb{R}$, $a > 0$, $x \in \mathbb{R}$

   a) Der Wert des Parameters a bestimmt den Wertebereich.
   $WB = \{y: y \in \mathbb{R}; -a \leq y \leq a\}$

   b) Die kleinste Periode der Funktion $f_a(x) = a \cdot \sin x$ ist 2π und die Nullstellen liegen im vorgegebenen Intervall bei 0; π; 2π. Den größten bzw. kleinsten Funktionswert nimmt diese Funktion an den Stellen $0{,}5\pi$ bzw. $1{,}5\pi$ an. Da dieser Funktionswert dem Wert a entspricht, folgt $a = 2$. Die Funktionsgleichung lautet daher:

   $y = f_2(x) = 2 \cdot \sin x$

   Skizze:

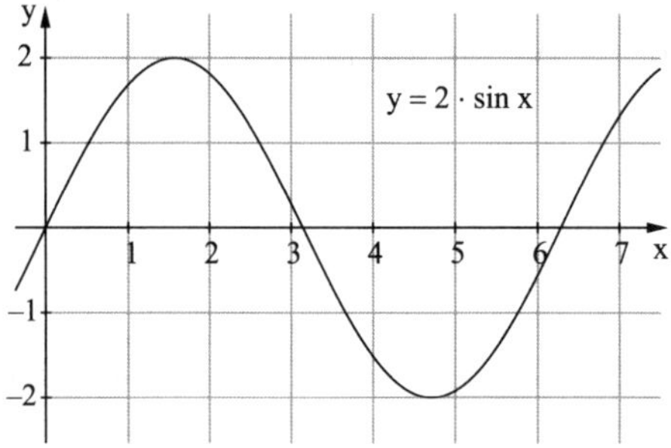

   c) Gegeben: $y = f_3(x) = 3 \cdot \sin x$

   (1) Um den Graphen der Funktion f_3 um zwei Einheiten in Richtung der positiven y-Achse zu verschieben, braucht man zur Funktionsgleichung von f_3 nur den Wert 2 addieren:

   $g(x) = f_3(x) + 2 = 3 \cdot \sin x + 2$

   (2) Der Graph einer Funktion wird an der x-Achse gespiegelt, wenn man die gesamte Funktionsgleichung mit dem Faktor –1 multipliziert:

   $h(x) = -f_3(x) = -3 \cdot \sin x$

   Alternativer Lösungsweg mit einem CAS:
   Das CAS kann dabei helfen, die Funktionsgleichung für Teilaufgabe b zu finden und diese Funktion zu skizzieren.

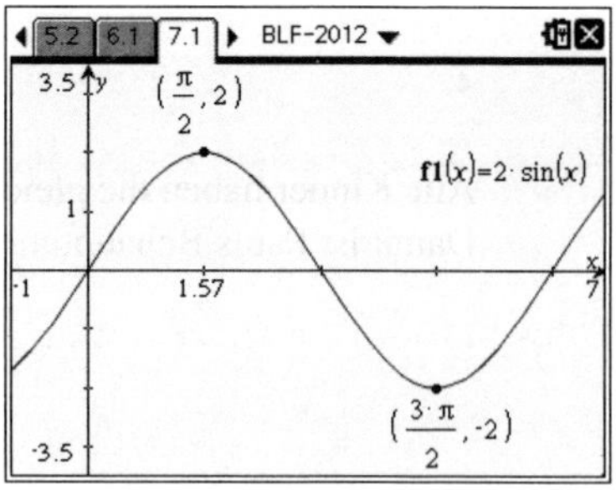

Die Verschiebung und die Spiegelung der Funktion f_3 sind in den nebenstehenden Screenshots dargestellt.

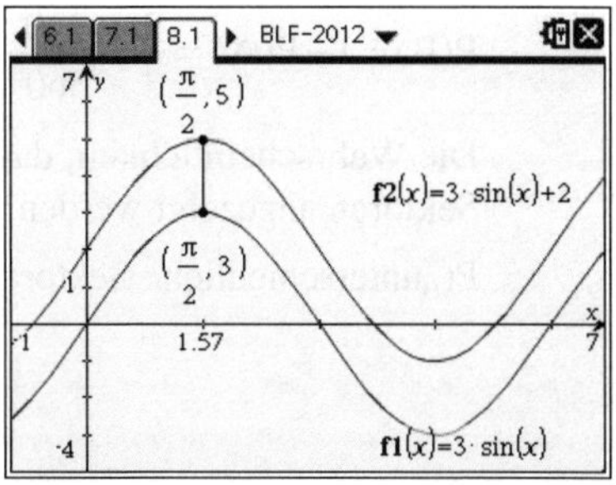

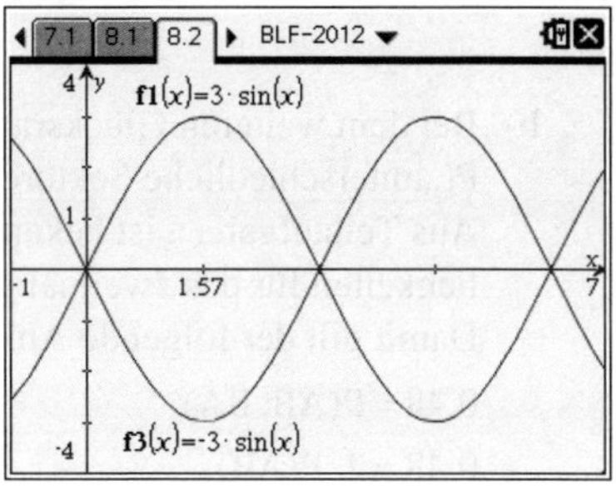

2. Für alle reellen Zahlen x mit $x \neq -1$ gilt:

$(10^{x^2-1})^{\frac{1}{x+1}}$	Potenzen werden potenziert, indem man die Exponenten multipliziert
$=10^{\frac{x^2-1}{x+1}}$	Umkehrung 3. binomische Formel: $x^2-1=(x+1)\cdot(x-1)$
$=10^{\frac{(x+1)\cdot(x-1)}{x+1}}$	Kürzen
$\underline{\underline{=10^{x-1}}}$	

Damit ist der Nachweis durch eine äquivalente Umformung erbracht.

Bemerkung: Der Operator „Zeigen Sie …" fordert eine logische und lückenlose Umformung bzw. Herleitung mithilfe mathematischer Regeln. Ein CAS sollte dabei nur zur Kontrolle benutzt werden.

3. Glücksrad mit zwei ungleich großen Sektoren

a) Die Größe des Winkels vom kleineren Sektor A beträgt $\alpha = 120°$ und damit ist die Größe des Winkels $\beta = 240°$ des größeren Sektors B.

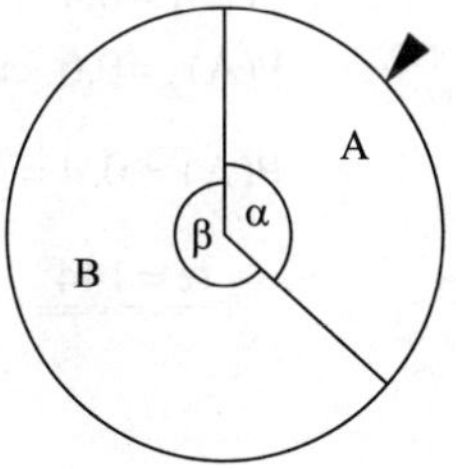

Es gelten folgende Wahrscheinlichkeiten:

$$P(A) = \frac{120°}{360°} = \frac{1}{3}$$

$$P(B) = 1 - P(A) = \frac{2}{3} = \frac{240°}{360°}$$

Die Wahrscheinlichkeit, dass beim zweimaligen Drehen unterschiedliche Sektoren angezeigt werden, lässt sich nun berechnen.

P(„unterschiedliche Sektoren“) = P(AB; BA)

$$= \frac{1}{3} \cdot \frac{2}{3} + \frac{2}{3} \cdot \frac{1}{3}$$

$$= 2 \cdot \frac{2}{9} = \underline{\underline{\frac{4}{9}}}$$

b) Bei dem weiteren Glücksrad ist bekannt, dass für P(„unterschiedliche Sektoren“) = P(AB; BA) = 0,48 gilt.
Aus Teilaufgabe a ist bekannt, dass P(B) = 1 – P(A) ist und die Wahrscheinlichkeiten für das zweimalige Drehen P(AB) und P(BA) gleich sind.
Damit gilt der folgende Ansatz:

$$0{,}48 = P(AB; BA)$$

$$0{,}48 = 2 \cdot P(AB)$$

$$0{,}48 = 2 \cdot P(A) \cdot P(B)$$

$$0{,}48 = 2 \cdot P(A) \cdot (1 - P(A)) \qquad |:2$$

$$0{,}24 = P(A) - (P(A))^2 \qquad |-P(A) + (P(A))^2$$

$$\underline{\underline{0 = (P(A))^2 - P(A) + 0{,}24}}$$

Einsatz des CAS:
Die Gleichung wird mithilfe des CAS gelöst.

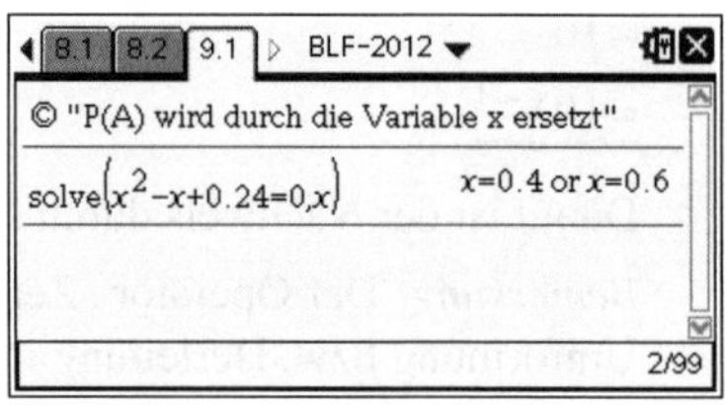

Die quadratische Gleichung hat folgende Lösungen:
$P(A)_1 = 0{,}4$
$P(A)_2 = 0{,}6$ entfällt, da α der Winkel des kleineren Sektors ist

$$P(A) = 0{,}4 = \frac{\alpha}{360°}$$

$$\underline{\underline{\alpha = 144°}}$$

4. Zweitafelprojektion eines Pflanzgefäßes

Durch die Angabe der Dichte des Materials Beton, aus dem das Pflanzgefäß besteht, errechnet man zunächst dessen Volumen V, mit dem man dann die gesuchte Masse m bestimmen kann. Das Volumen V des Pflanzgefäßes erhält man als Differenz der Volumina des äußeren Kreiszylinders V_1 und des inneren Kreiszylinders V_2.

Volumen des äußeren Kreiszylinders V_1

Gegeben: $d_1 = 50\text{ cm}$
$h_1 = 50\text{ cm}$

$V_1 = A_{G_1} \cdot h_1$ A_{G_1}: Flächeninhalt der Grundfläche (Kreis)

$V_1 = \frac{\pi}{4} d_1^2 \cdot h_1$ $A_{G_1} = \frac{\pi}{4} d_1^2$

$V_1 = \frac{\pi}{4} \cdot (50\text{ cm})^2 \cdot 50\text{ cm}$

$V_1 = 31\,250\pi\text{ cm}^3$

$\underline{V_1 \approx 98\,174{,}8\text{ cm}^3}$

Volumen des inneren Kreiszylinders V_2

Gegeben: $d_2 = 50\text{ cm} - 2 \cdot \text{Wandstärke} = 40\text{ cm}$
$h_2 = 50\text{ cm} - 1 \cdot \text{Wandstärke} = 45\text{ cm}$

$V_2 = A_{G_2} \cdot h_2$

$V_2 = \frac{\pi}{4} d_2^2 \cdot h_2$

$V_2 = \frac{\pi}{4} \cdot (40\text{ cm})^2 \cdot 45\text{ cm}$

$V_2 = 18\,000\pi\text{ cm}^3$

$\underline{V_2 \approx 56\,548{,}7\text{ cm}^3}$

Volumen des Pflanzgefäßes

$V = V_1 - V_2$

$V = 31\,250\pi\text{ cm}^3 - 18\,000\pi\text{ cm}^3$

$V = 13\,250\pi\text{ cm}^3$

$V \approx 41\,630\text{ cm}^3$

$\underline{\underline{V \approx 41{,}63\text{ dm}^3}}$

Masse des Pflanzgefäßes

Gegeben: $\rho = 2,4\,\frac{kg}{dm^3}$

$V \approx 41,63\,dm^3$

$\rho = \frac{m}{V} \qquad |\cdot V$

$m = \rho \cdot V$

$m = 2,4\,\frac{kg}{dm^3} \cdot 41,63\,dm^3$

$\underline{\underline{m \approx 100\,kg}}$

Das Pflanzgefäß hat eine Masse von etwa 100 kg.

5. Kegelförmiges Kelchglas

Das Volumen der Flüssigkeit entspricht dem Volumen eines Kreiskegels, dessen Maße noch unbekannt sind. Hier hilft eine Strahlensatzfigur:

Es gilt:

$\frac{d_1}{h_1} = \frac{d}{h}$

$\frac{d_1}{7\,cm} = \frac{8\,cm}{9\,cm}$

$\underline{d_1 = 6,\overline{2}\,cm}$

Skizze:

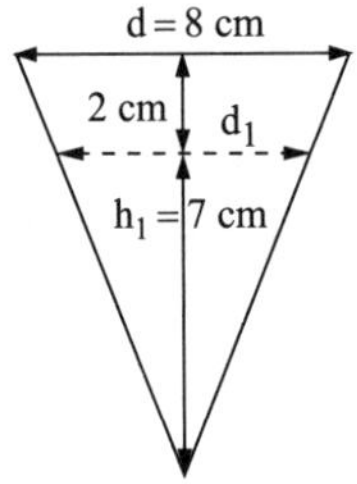

Volumen der Flüssigkeit:

$V = \frac{1}{3} A_G \cdot h_1$ $\qquad$ A_G: Flächeninhalt der Grundfläche (Kreis)

$V = \frac{1}{3} \cdot \frac{\pi}{4} d_1^2 \cdot h_1$ $\qquad$ $A_G = \frac{\pi}{4} d_1^2$

$V = \frac{\pi}{12} \cdot (6,\overline{2}\,cm)^2 \cdot 7\,cm$

$\underline{\underline{V \approx 70,95\,cm^3}}$

Das Volumen der Flüssigkeit beträgt rund 71 cm^3.

Besondere Leistungsfeststellung Thüringen 10. Klasse Mathematik 2013

Pflichtaufgabe

Ein Kreuzfahrtschiff fährt parallel zur Küste. An dieser Küste befinden sich in einer Entfernung von 8,5 km zwei Radarstationen R_1 und R_2.
Beide Radarstationen peilen um 09:50 Uhr das Schiff in seiner Position S_1 an.
Zu diesem Zeitpunkt werden die Winkel $\alpha = 73°$ und $\beta = 42°$ gemessen.

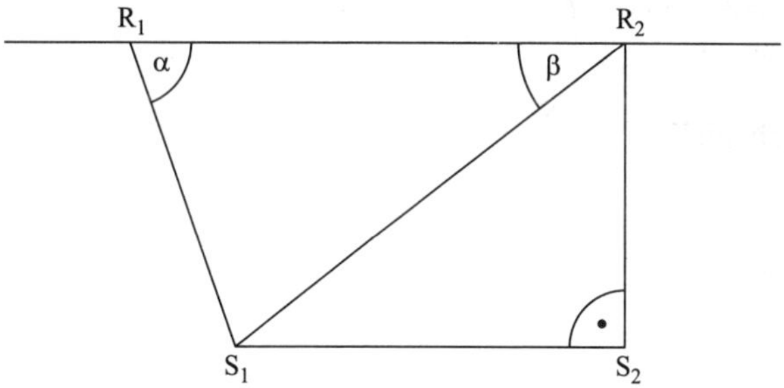

Skizze nicht maßstäblich

a) Berechnen Sie die Entfernungen $\overline{R_1S_1}$ und $\overline{R_2S_1}$ des Schiffes zu beiden Radarstationen. (3 BE)

b) Das Schiff behält seinen Kurs bei und fährt zum Punkt S_2.
In diesem Punkt ist der Winkel $\sphericalangle R_2S_2S_1$ ein rechter Winkel.
Ermitteln Sie die Länge der vom Schiff zurückgelegten Strecke $\overline{S_1S_2}$. (2 BE)

c) Das Kreuzfahrtschiff fährt mit einer konstanten Geschwindigkeit von 21 Knoten.
Berechnen Sie die Ankunftszeit des Schiffes in Position S_2. (2 BE)

$$1 \text{ Knoten} = 1{,}852 \frac{\text{km}}{\text{h}}$$

d) Das Kreuzfahrtschiff hat Einzel- und Doppelkabinen für 520 Passagiere.
Insgesamt gibt es 314 Kabinen.
Ermitteln Sie die Anzahl der Einzelkabinen und die Anzahl der Doppelkabinen. (3 BE)

e) Das Logo der Reederei auf dem Schiffsrumpf kann näherungsweise durch drei Graphen der Funktion f mit $y = f(x) = \frac{1}{2} \cdot \sin(x) + c$, die jeweils um eine Einheit in Richtung y-Achse verschoben sind, beschrieben werden. Geben Sie die Gleichungen von drei Funktionen an, die die geforderte Bedingung erfüllen.
Skizzieren Sie die Graphen dieser Funktionen im Intervall $0 \leq x \leq 4\pi$ in ein und dasselbe Koordinatensystem. (2 BE)

f) Auf dem Sonnendeck des Kreuzfahrtschiffes befindet sich ein Pool, dessen Grundfläche aus zwei sich überlappenden Kreisen mit jeweils 5,00 m Radius besteht. Der Abstand $\overline{PQ}$ beträgt ebenfalls 5,00 m. Der Pool besitzt eine Tiefe von 1,20 m.
Berechnen Sie das maximale Fassungsvermögen des Pools. (3 BE)

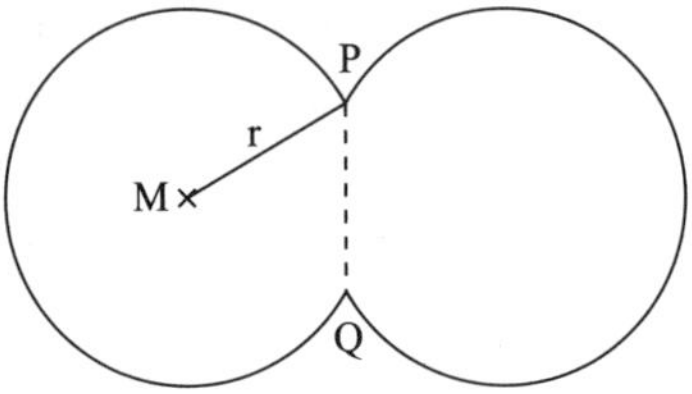

Skizze nicht maßstäblich

g) Auf dem Kreuzfahrtschiff befindet sich ein Spielsalon. Ein Automat besteht aus drei rotierenden Scheiben, die jeweils mit den Ziffern 1 bis 9 beschriftet sind. Jede Ziffer erscheint mit gleicher Wahrscheinlichkeit. Beim Spiel erzeugt man dreistellige Zahlen.

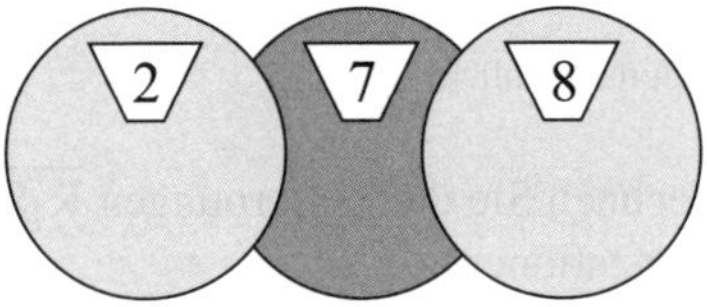

Geben Sie die Anzahl der Möglichkeiten an, eine dreistellige Zahl zu erzeugen,
- die mit einer 1 beginnt und auf eine 9 endet.
- die nur die Ziffern 2, 4 und 6 genau einmal enthält.

Berechnen Sie die Wahrscheinlichkeiten folgender Ereignisse:
A := „Es wird eine Zahl mit drei gleichen Ziffern erzeugt."
B := „Es wird eine Zahl erzeugt, die an erster Stelle eine 5 oder an der letzten Stelle eine 6 besitzt." (5 BE)

Wahlaufgabe 1

1. In einem Labor wird das Wachstum einer Bakterienart untersucht. Die Bedingungen für das Wachstum sind optimal. Zu Beginn der Untersuchung sind es 1 000 000 Bakterien.

   a) Für die ersten 30 Minuten wurden folgende Werte protokolliert.

Zeit in Minuten	0	15	30	45	60	75	90
Anzahl der Bakterien in Millionen	1	2	4				

   Begründen Sie, dass in diesem Fall kein lineares Wachstum vorliegt. Ergänzen Sie für das Wachstum der Bakterienart die Tabelle und stellen Sie die Zuordnung grafisch dar. (4 BE)

   b) Das Wachstum der Bakterien wird durch eine Exponentialfunktion der Form $y = b \cdot a^x$ ($a, b \in \mathbb{R}$; $a > 0$, $b > 0$) beschrieben.
   Ermitteln Sie eine Gleichung dieser Exponentialfunktion. (2 BE)

   c) Nach Veränderung der Bedingungen wird das Wachstum durch die Funktion $y = f(x) = 1\,000\,000 \cdot 15^x$ beschrieben, wobei x die Zeit in Stunden nach Versuchsbeginn bedeutet.
   Geben Sie die Anzahl der Bakterien nach 90 Minuten an.
   Bestimmen Sie die Zeit, in der sich die Anzahl der Bakterien vertausendfacht hat. (2 BE)

2. Klaus und Frank lassen ihren Drachen steigen. Die Schnur ist 55 m lang. Sie bestimmen den Winkel α.

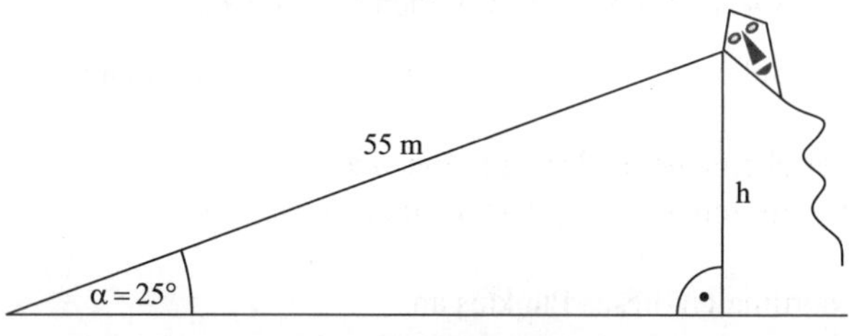

Skizze nicht maßstäblich

   a) Ermitteln Sie für diesen Fall die Höhe h durch Rechnung und durch Konstruktion. (3 BE)

   b) Nach einem Windstoß hat sich der Winkel verdoppelt. Die Länge der Schnur bleibt unverändert.
   Klaus behauptet: „Die Höhe des Drachens hat sich auch verdoppelt.“
   Stimmt das? Begründen Sie Ihre Entscheidung. (2 BE)

3. Ein zusammengesetzter Körper besteht aus einem Zylinder mit einem aufgesetzten Kegel. Beide Teilkörper besitzen den gleichen Radius $r = 1$ dm und jeweils die gleiche Höhe h. Das Volumen des zusammengesetzten Körpers beträgt $V = 8\pi\ \text{dm}^3$.
Berechnen Sie für diesen Fall die Höhe h. (3 BE)

4. Bei einem Stadtfest wird an einem Stand ein Gewinnspiel mit einem Glücksrad angeboten. Die Hälfte des Glücksrades ist weiß und mit der Ziffer 0 beschriftet.
Beim einmaligen Drehen beträgt die Wahrscheinlichkeit $\frac{1}{4}$, dass eine 1 angezeigt wird. Die Wahrscheinlichkeit, dass eine 3 angezeigt wird, beträgt $\frac{1}{12}$.

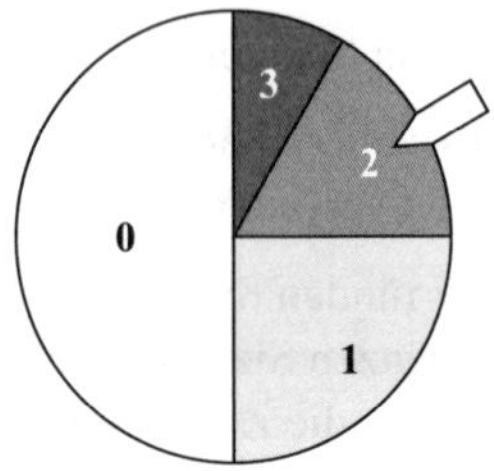

Das Glücksrad wird zweimal gedreht.
Berechnen Sie die Wahrscheinlichkeiten folgender Ereignisse:
A := „Die erste angezeigte Zahl ist eine 2."
B := „Die Summe der angezeigten Zahlen ist 2."
C := „Die Summe der angezeigten Zahlen ist mindestens 4."
D := „Keine der angezeigten Zahlen ist eine 0." (4 BE)

Wahlaufgabe A2

1. Gegeben sind für $x \in \mathbb{R}$ die Funktionen f und g durch
$y = f(x) = -(x-2)^2 + 4$ und $y = g(x) = -x^3 + 4$.
Die Punkte $A(0;\ f(0))$, $B(4;\ f(4))$ und $C(1;\ 3)$ bilden ein Dreieck.

   a) Zeichnen Sie die Graphen der Funktionen f und g in ein Koordinatensystem.
   Geben Sie die Wertebereiche beider Funktionen an.
   Die Graphen der Funktionen f und g haben einen gemeinsamen Punkt.
   Geben Sie die Koordinaten dieses Punktes an. (5 BE)

   b) Die Graphen von zwei Funktionen besitzen gemeinsame Punkte.
   Beschreiben Sie eine rechnerische Methode zur Bestimmung der Koordinaten dieser Punkte. (2 BE)

   c) Berechnen Sie den Flächeninhalt des Dreiecks ABC.
   Untersuchen Sie, ob es auf dem Graphen von f einen Punkt D so gibt, dass das Dreieck ABD flächengleich zum Dreieck ABC ist. Geben Sie gegebenenfalls die Koordinaten dieses Punktes D an. (4 BE)

d) Weisen Sie rechnerisch nach, dass die Punkte B, C und der Punkt E(0; g(0)) auf einer Geraden liegen. (2 BE)

e) Gegeben ist für jede positive reelle Zahl a eine Funktion h_a durch $y = h_a(x) = a^x$ mit $x \in \mathbb{R}$.
Ermitteln Sie den Wert für a so, dass die Graphen der Funktionen f, g und h genau einen Punkt gemeinsam haben.
Geben Sie zwei Eigenschaften dieser Funktion h_a an. (4 BE)

2. Zu einem gemeinsamen Theaterbesuch trifft sich eine Gruppe von fünf Jugendlichen.

a) Die fünf Jugendlichen sitzen in einer Reihe nebeneinander.
Geben Sie die Anzahl der verschiedenen Sitzordnungen an. (1 BE)

b) Allerdings wurden zwei ihrer Plätze doppelt vergeben. Deshalb wies man ihnen zwei Plätze in einer anderen Reihe zu.
Geben Sie die Anzahl der Möglichkeiten an, zwei der fünf Theaterbesucher für die andere Reihe auszuwählen. (1 BE)

c) Die Gruppe besteht aus drei Jungen und zwei Mädchen.
Berechnen Sie die Wahrscheinlichkeit dafür, dass in dieser anderen Reihe ein Junge und ein Mädchen sitzen. (1 BE)

Tipps und Hinweise zu den Lösungen

Pflichtaufgabe

a)

- Berechnen Sie den fehlenden Innenwinkel im Dreieck $S_1R_2R_1$, um damit die Entfernungen $\overline{R_1S_1}$ und $\overline{R_2S_1}$ mit dem Sinussatz berechnen zu können.

b)

- Beachten Sie, dass das Schiff parallel zur Küste fährt, und ermitteln Sie den Innenwinkel $\sphericalangle S_1R_2S_2$.
- Berechnen Sie den zurückgelegten Weg $\overline{S_1S_2}$ mittels der Winkelbeziehungen im rechtwinkligen Dreieck.

c)

- Nutzen Sie die Formel zur Berechnung der Geschwindigkeit v einer geradlinig gleichförmigen Bewegung und stellen Sie diese nach der Zeit t um.
- Beachten Sie die Umrechnungen der Einheiten Knoten in $\frac{km}{h}$ bzw. h in min.

d)

- Bilden Sie ein Gleichungssystem aus zwei Gleichungen mit den unbekannten Anzahlen der Einzel- und Doppelkabinen.

e)

- Wiederholen Sie Ihre Kenntnisse über die Eigenschaften der Sinusfunktion und den Einfluss des Parameters a auf den Graphen der Funktion $y = a \cdot \sin x$ bzw. des Parameters c auf den Graphen der Funktion $y = \sin x + c$.
- Finden Sie drei Werte für c, die sich jeweils um 1 unterscheiden. Beachten Sie dabei auch, dass $c = 0$ sein kann.
- Berücksichtigen Sie beim Skizzieren der drei Graphen den Wertebereich.

f)

- Zeichnen Sie passende Hilfslinien in die Skizze ein und betrachten Sie die Fläche der beiden sich überlappenden Kreise als eine Fläche, die sich aus je zwei kongruenten Kreissektoren und zwei Dreiecken zusammensetzt.
- Entscheiden Sie nun, um was für ein Dreieck es sich hier handelt. Beachten Sie, dass die Länge der Strecke $\overline{PQ}$ mit der Länge des Radius r übereinstimmt.
- Berechnen Sie den Flächeninhalt dieses gleichseitigen Dreiecks.
- Bestimmen Sie den Winkel und darüber den Flächeninhalt des Kreissektors.

g)

Jede der Ziffern 1 bis 9 erscheint mit derselben Wahrscheinlichkeit $p = \frac{1}{9}$.

Entscheiden Sie, wie oft die Ziffer 1 bis 9 an erster Stelle stehen kann bzw. wie viele Möglichkeiten es gibt, die drei Ziffern 2, 4 und 6 anzuordnen.

Ereignis A: Bestimmen Sie zunächst die Anzahl der dreistelligen Zahlen mit gleichen Ziffern unter Beachtung von $p = \frac{1}{9}$.

Ereignis B: Mit jeweils $p = \frac{1}{9}$ erscheint an erster Stelle die Ziffer 5 bzw. an letzter Stelle die Ziffer 6. Passen Sie bei der Berechnung aber auf, dass die Wahrscheinlichkeit für eine dreistellige Zahl, die mit der Ziffer 5 beginnt und mit der Ziffer 6 endet, nicht doppelt vorkommt.

Wahlaufgabe A1

1 a)

Ein lineares Wachstum kann durch eine lineare Funktion beschrieben werden.

Bestimmen Sie die Anstiege zwischen den jeweiligen Messwertepaaren.

Verdeutlichen Sie sich beim Ergänzen der Tabelle, dass sich die Anzahl der Bakterien nach gleichen Zeitabständen verdoppelt.

1 b)

Wiederholen Sie die Bedeutung der Parameter a und b in der Exponentialfunktion $y = b \cdot a^x$ in Verbindung mit einem exponentiellen Wachstum.

Der Wert b beschreibt die Anzahl der Bakterien zum Zeitpunkt $x = 0$.

Setzen Sie nun ein anderes gegebenes Messwertepaar in die Funktionsgleichung ein und berechnen Sie den Wert von a.

1 c)

Beachten Sie, dass sich diese Funktion jetzt auf die Zeit x in Stunden bezieht.

Bestimmen Sie den Funktionswert für $x = 1{,}5$ (Stunden).

„Die Anzahl der Bakterien hat sich vertausendfacht" bedeutet: Nach einem gewissen Zeitraum gibt es 1 000-mal so viele Bakterien wie am Anfang. Setzen Sie diese Zahl für y in die Funktionsgleichung ein und bestimmen Sie den Wert für x.

2 a)

Berechnen Sie die Höhe des Drachens mittels der Winkelbeziehung im rechtwinkligen Dreieck.

Wählen Sie für die Konstruktion einen geeigneten Maßstab.

Zeichnen Sie zuerst den Winkel α und tragen Sie dann die Ihrem Maßstab entsprechende Strecke von 55 m an. Fällen Sie vom Endpunkt dieser Strecke das Lot.

2 b)

Stellen Sie einen Zusammenhang zwischen dem Winkel α und der Höhe h im rechtwinkligen Dreieck her.

Beachten Sie, dass der Winkel α und die Höhe h nicht proportional sind.

3

Stellen Sie eine Formel zur Berechnung des Volumens für diesen zusammengesetzten Körper auf und fassen Sie diese so weit wie möglich zusammen. Das ist möglich, da die Radien und die Höhen der Teilkörper übereinstimmen.

Stellen Sie nun diese Formel nach der gesuchten Höhe h um und setzen Sie den Wert für $r = 1$ dm ein.

4

Die Summe aller Wahrscheinlichkeiten beträgt 1. Bestimmen Sie damit die Wahrscheinlichkeiten für das Drehen der Ziffer 0 (Halbkreis) und der Ziffer 2.

Notieren Sie sich für alle Ereignisse zuerst diejenigen Ziffernkombinationen, die dieses Ereignis beschreiben.

Sie können für dieses zweistufige Zufallsexperiment auch ein Baumdiagramm anfertigen und die Wahrscheinlichkeiten mittels der Pfadregeln berechnen.

Wahlaufgabe A2

1 a)

Nutzen Sie Ihre Kenntnisse über die Scheitelpunktform. Beachten Sie, dass die Parabel nach unten geöffnet ist.

Übertragen Sie diese Überlegungen auf das Zeichnen des Graphen der Funktion g.

Die Wertebereiche und die Koordinaten des gemeinsamen Punktes lassen sich sehr einfach aus den grafischen Darstellungen ablesen.

1 b)

Aus den Funktionsgleichungen dieser beiden Funktionen kann man ein Gleichungssystem bilden, das man rechnerisch lösen kann.

1 c)

Die Länge der Grundseite des Dreiecks liegt auf der x-Achse. Bestimmen Sie diese sowie die Höhe des Dreiecks mittels der Koordinaten der Eckpunkte A, B und C.

Die beiden Dreiecke haben dieselbe Grundseite $\overline{AB}$. Damit der Flächeninhalt gleich bleibt, muss auch die Größe der Höhe konstant bleiben.

Verschieben Sie den Punkt C auf einer Parallelen zur x-Achse im Abstand der Höhe des Dreiecks.

1 d)

Stellen Sie die Gleichung einer linearen Funktion durch zwei gegebene Punkte auf. Prüfen Sie nach, ob der andere Punkt auf dem Graphen dieser Funktion liegt.

1 e)

Die Graphen der Funktionen f und g haben bereits den gemeinsamen Punkt C.

Setzen Sie die Koordinaten des Punktes C in die Funktionsgleichung der Funktion h_a ein und bestimmen Sie daraus den Wert für a.

2 a)

Bestimmen Sie die Anzahl der verschiedenen Anordnungen von 5 Elementen.

2 b)

Bei der Auswahl von zwei aus fünf Jugendlichen handelt es sich um eine Kombination ohne Wiederholung. Nutzen Sie den Binomialkoeffizienten.

Sie können die gesuchten Möglichkeiten auch durch Nummerierung der Jugendlichen von 1 bis 5 auszählen.

2 c)

Auch hier hilft die Nummerierung aus Teilaufgabe b weiter. Zählen Sie die entsprechenden Möglichkeiten aus und nutzen Sie, dass alle Möglichkeiten mit derselben Wahrscheinlichkeit auftreten.

In der Reihe sitzen ein Junge (J) und ein Mädchen (M). Betrachten Sie die Auswahl der beiden Jugendlichen als zweistufiges Zufallsexperiment mit den beiden Ausgängen J und M. Überlegen Sie anhand eines Baumdiagramms, welche Wahrscheinlichkeiten die Pfade JM bzw. MJ haben.

Lösungen

Pflichtaufgabe

a) Gegeben: Schiffspositionen entlang einer Küste mit zwei Radarstationen

$\overline{R_1R_2} = 8{,}5\text{ km}$

$\alpha = 73°$

$\beta = 42°$

Gesucht: Entfernungen $\overline{R_1S_1}$ und $\overline{R_2S_1}$

Skizze:

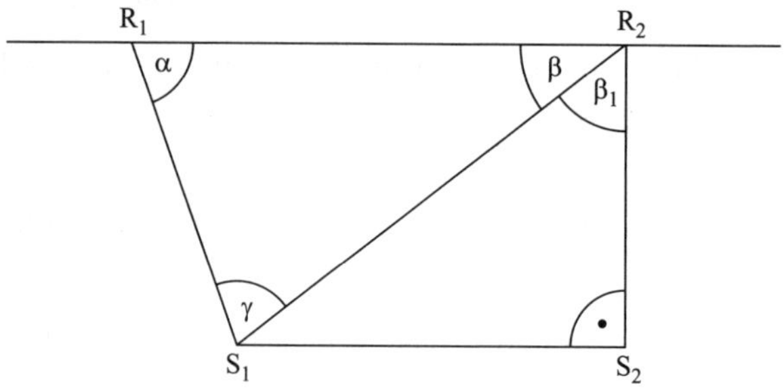

(Skizze nicht maßstäblich)

Die Entfernungen $\overline{R_1S_1}$ und $\overline{R_2S_1}$ berechnet man mit dem Sinussatz im Dreieck $S_1R_2R_1$. Dafür wird der noch fehlende Innenwinkel γ benötigt.

Da die Summe der Innenwinkel im Dreieck 180° ergibt, folgt:

$$73° + 42° + \gamma = 180°$$

$$\underline{\gamma = 65°}$$

Somit gilt:

$$\frac{\overline{R_1S_1}}{\sin\beta} = \frac{\overline{R_1R_2}}{\sin\gamma}$$

$$\overline{R_1S_1} = \frac{\overline{R_1R_2}\cdot\sin\beta}{\sin\gamma}$$

$$\overline{R_1S_1} = \frac{8{,}5\text{ km}\cdot\sin 42°}{\sin 65°}$$

$$\underline{\underline{\overline{R_1S_1} \approx 6{,}3\text{ km}}}$$

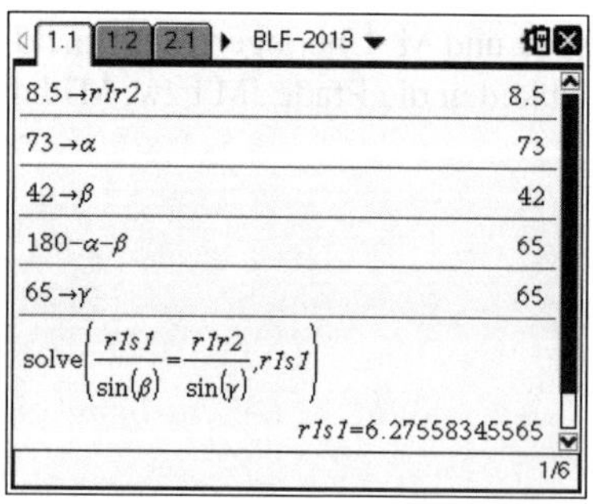

Und zudem:

$$\frac{\overline{R_2S_1}}{\sin\alpha} = \frac{\overline{R_1R_2}}{\sin\gamma}$$

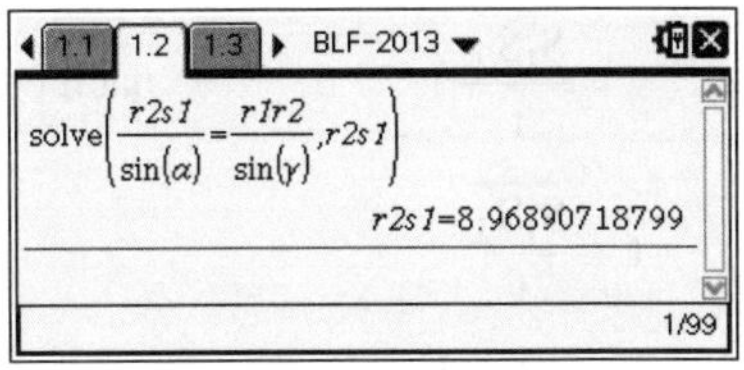

$$\overline{R_2S_1} = \frac{\overline{R_1R_2} \cdot \sin\alpha}{\sin\gamma}$$

$$\overline{R_2S_1} = \frac{8{,}5\text{ km} \cdot \sin 73°}{\sin 65°}$$

$$\underline{\underline{\overline{R_2S_1} \approx 9{,}0\text{ km}}}$$

Das Schiff hat eine Entfernung von etwa 6,3 km bzw. 9,0 km zu den beiden Radarstationen.

b) Die Strecke $\overline{S_1S_2}$ ist eine Kathete im rechtwinkligen Dreieck $S_1S_2R_2$ mit der Hypotenuse $\overline{R_2S_1}$, deren Länge in Teilaufgabe a berechnet wurde.

Nach Aufgabenstellung gilt:
$42° + \beta_1 = 90° \;\Rightarrow\; \beta_1 = 48°$

Aufgrund der Winkelbeziehungen im rechtwinkligen Dreieck $S_1S_2R_2$ folgt:

$$\sin\beta_1 = \frac{\text{Gegenkathete}}{\text{Hypotenuse}}$$

$$\sin\beta_1 = \frac{\overline{S_1S_2}}{\overline{R_2S_1}}$$

$$\overline{S_1S_2} = \overline{R_2S_1} \cdot \sin\beta_1$$

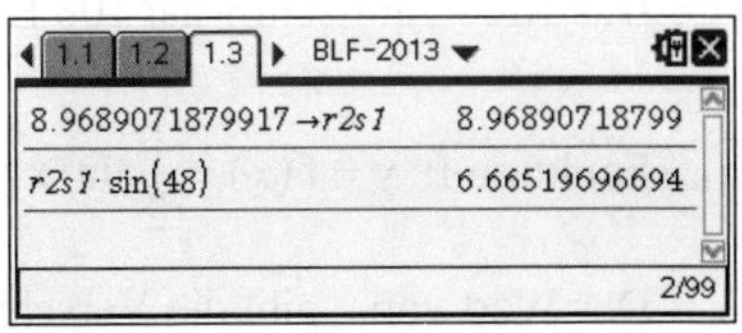

$$\overline{S_1S_2} \approx 9{,}0\text{ km} \cdot \sin 48°$$

$$\underline{\underline{\overline{S_1S_2} \approx 6{,}7\text{ km}}}$$

Der vom Schiff zurückgelegte Weg beträgt ca. 6,7 km.

c) Um die Ankunftszeit des Schiffes in S_2 zu berechnen, nutzt man die Formel zur Berechnung der Geschwindigkeit $v = \frac{s}{t}$, wobei s der zurückgelegte Weg $\overline{S_1S_2}$ ist und für die Geschwindigkeit v gilt:

$$v = 21\text{ Knoten} = 21 \cdot 1{,}852\,\frac{\text{km}}{\text{h}} = 38{,}892\,\frac{\text{km}}{\text{h}}$$

Berechnung von t:

$v = \frac{\overline{S_1S_2}}{t}$ nach t umstellen

$t = \frac{\overline{S_1S_2}}{v}$

$t \approx \frac{6,7\ \text{km}}{38,892\ \frac{\text{km}}{\text{h}}}$

$\underline{t \approx 0,17\ \text{h}}$

Umrechnung in Minuten:
$1\ \text{h} = 60\ \text{min} \quad \Rightarrow \quad t \approx 0,17 \cdot 60\ \text{min}$

$\underline{t \approx 10\ \text{min}}$

Da sich das Schiff um 09:50 Uhr in Position S_1 befindet, ist die Ankunftszeit in Position S_2 um etwa 10:00 Uhr.

d) Die Anzahlen der Einzelkabinen e und der Doppelkabinen d können durch folgendes Gleichungssystem beschrieben werden:

(I) $e + 2d = 520$
(II) $e + d = 314$

$d = 206$ (I) – (II)
$\underline{\underline{e = 108}}$ Einsetzen in (II)

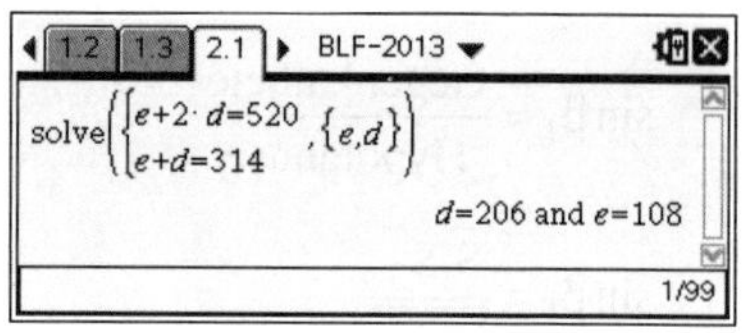

Das Kreuzfahrtschiff hat 108 Einzel- und 206 Doppelkabinen.

e) Funktion f: $y = f(x) = \frac{1}{2}\sin(x) + c$

Der Wert von c gibt die Verschiebung der Funktion f um c Einheiten in Richtung der y-Achse an.

Für $\underline{c_1 = 0}$ erhält man die Funktion $y = \frac{1}{2}\sin(x)$.

Die Gleichungen zweier weiterer Funktionen, die jeweils um eine Einheit in Richtung der y-Achse verschoben sind, erhält man z. B. durch die Werte $c_2 = 1$ und $c_3 = 2$ oder auch durch $c_2 = -1$ und $c_3 = 1$.
Bemerkung: Natürlich gibt es noch weitere Möglichkeiten.

Für die grafische Darstellung entscheidet man sich hier für $c_1=0$, $c_2=1$ und $c_3=2$:

$$y=f(x)=\frac{1}{2}\sin(x) \qquad (c=0)$$

$$y=g(x)=\frac{1}{2}\sin(x)+1 \qquad (c=1)$$

$$y=h(x)=\frac{1}{2}\sin(x)+2 \qquad (c=2)$$

Hinweis: Die Funktionen können mit dem CAS geplottet werden. Aber vergessen Sie nicht, dass Sie die Graphen dennoch selbst skizzieren müssen!

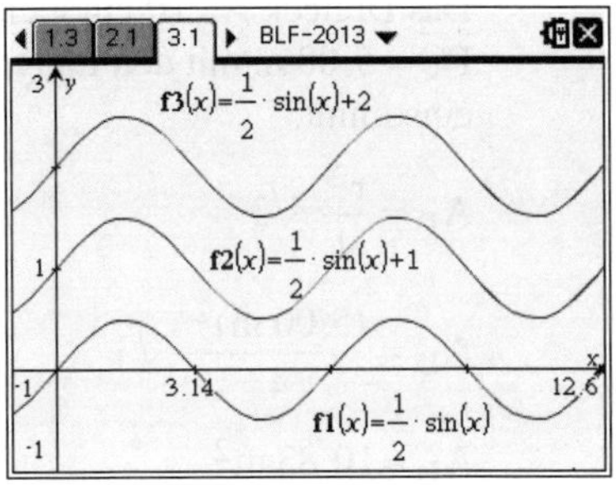

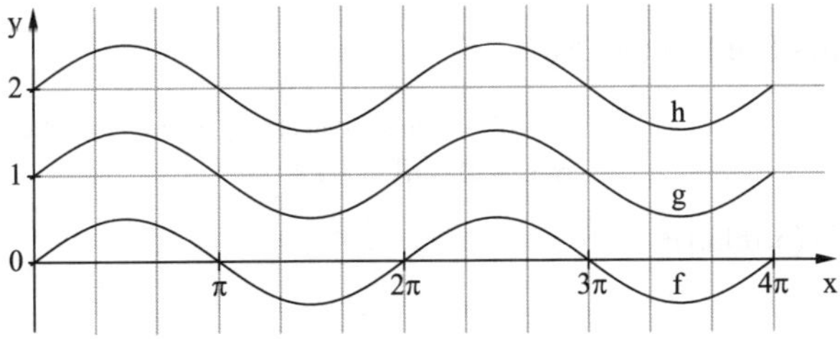

f) Gegeben: Pool, dessen Grundfläche aus 2 sich überlappenden Kreisen besteht
$r=5{,}00\text{ m}$
$\overline{PQ}=5{,}00\text{ m}$
$h=1{,}20\text{ m}$

Gesucht: maximales Fassungsvermögen

Skizze:

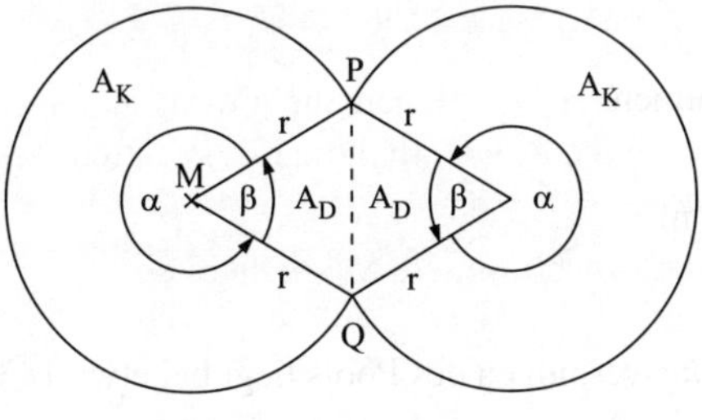

Das maximale Fassungsvermögen des Pools wird durch sein Volumen V beschrieben:

$V = A_G \cdot h$ $\qquad$ A_G … Flächeninhalt der Grundfläche
$h = 1{,}20\ m$

Die Berechnung des Flächeninhaltes A_G der Grundfläche erfordert einige Überlegungen. Die Grundfläche A_G setzt sich aus je zwei kongruenten Kreissektoren A_K und zwei Dreiecken A_D zusammen.

- Flächeninhalt eines Dreiecks A_D
  Das Dreieck A_D ist ein gleichseitiges Dreieck, da die Länge der Seite $\overline{PQ} = 5{,}00\ m$ mit den Längen der beiden anderen Seiten ($r = 5{,}00\ m$) übereinstimmt.

  $$A_D = \frac{r^2}{4} \cdot \sqrt{3}$$

  $$A_D = \frac{(5{,}00\ m)^2}{4} \cdot \sqrt{3}$$

  $$\underline{A_D \approx 10{,}83\ m^2}$$

- Flächeninhalt eines Kreissektors A_K

  $$A_K = \frac{\pi}{360°} \cdot \alpha \cdot r^2$$

  $\beta = 60°$ (Innenwinkel im gleichseitigen Dreieck)
  $\alpha = 360° - \beta = 300°$

  $$A_K = \frac{\pi}{360°} \cdot 300° \cdot (5{,}00\ m)^2$$

  $$\underline{A_K \approx 65{,}45\ m^2}$$

- Flächeninhalt der Grundfläche
  $A_G = 2A_K + 2A_D$
  $A_G = 2 \cdot (A_K + A_D)$
  $A_G \approx 2 \cdot (65{,}45\ m^2 + 10{,}83\ m^2)$
  $\underline{A_G \approx 152{,}56\ m^2}$

- Berechnung des Volumens
  $V = A_G \cdot h$
  $V \approx 152{,}56\ m^2 \cdot 1{,}20\ m$
  $\underline{\underline{V \approx 183\ m^3}}$

  Das maximale Fassungsvermögen des Pools liegt bei etwa $183\ m^3$.

g) Gegeben ist ein Automat mit drei rotierenden Scheiben, die jeweils mit den Ziffern 1 bis 9 beschriftet sind.

- Um die Anzahl der dreistelligen Zahlen zu bestimmen, die mit einer 1 beginnen und mit einer 9 enden, genügt es zu wissen, wie viele verschiedene Möglichkeiten für die Zehnerstelle infrage kommen. Dies sind die Ziffern 1 bis 9.

  Es gibt genau <u>9 Zahlen</u>, die mit einer 1 beginnen und mit einer 9 enden.

  Nämlich: 119, 129, 139, … , 199

- Die drei Ziffern 2, 4 und 6 werden auf die 3 vorhandenen Plätze verteilt. Es gibt also $3! = 3 \cdot 2 \cdot 1 = \underline{6 \text{ Möglichkeiten}}$.

- Die Wahrscheinlichkeit, dass genau eine der neun Ziffern 1 bis 9 gedreht wird, beträgt $p = \frac{1}{9}$.

  P(A) = P(„Es wird eine Zahl mit drei gleichen Ziffern erzeugt.“)

  $= P(111; 222; \ldots; 999)$

  $= 9 \cdot \frac{1}{9} \cdot \frac{1}{9} \cdot \frac{1}{9} = \underline{\underline{\frac{1}{81}}}$

  P(B) = P(„Es wird eine Zahl erzeugt, die an erster Stelle eine 5 oder an der letzten Stelle eine 6 besitzt.“)

  $= P(5\underbrace{**}) + P(\underbrace{**}6) - P(\underbrace{5*6})$

  ↘ ↙ ↓

  beliebige Ziffern   Abzug, da doppelt

  $= \frac{1}{9} + \frac{1}{9} - \frac{1}{81}$

  $= \underline{\underline{\frac{17}{81}}}$

Wahlaufgabe A1

1. Wachstum einer Bakterienart

   a) Für die ersten 30 Minuten wurden folgende Werte protokolliert:

Zeit in Minuten	0	15	30
Anzahl der Bakterien in Millionen	1	2	4

Falls ein lineares Wachstum vorliegen sollte, müssten die Quotienten

$m = \frac{\Delta \text{Anzahl der Bakterien in Millionen}}{\Delta \text{Zeit}}$ konstant sein, denn diese bestimmen den Anstieg des Graphen dieser Zuordnung.

$$m_1 = \frac{2-1}{15-0} = \frac{1}{15}$$

$$m_2 = \frac{4-2}{30-15} = \frac{2}{15} \neq m_1$$

Da die Steigungen m_1 und m_2 nicht übereinstimmen, liegt kein lineares Wachstum vor.

Auch eine grafische Darstellung, so z. B. auch mit einem CAS, zeigt, dass kein lineares Wachstum vorliegen kann, da die Verbindung der Messwertepaare keine Gerade ergibt:

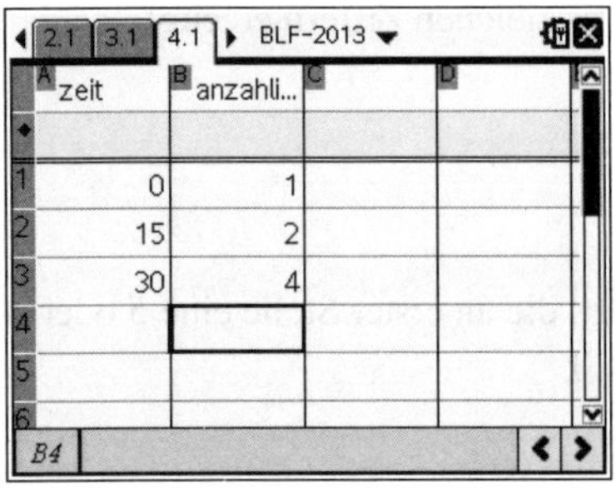

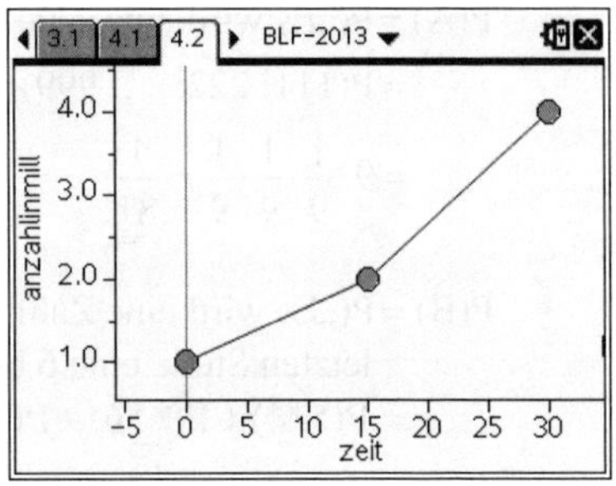

Ergänzung der Tabelle:

Leicht ist zu erkennen, dass bei einer Zunahme der Zeit von je 15 Minuten sich die Anzahl der Bakterien verdoppelt.

Zeit in Minuten	0	15	30	45	60	75	90
Anzahl der Bakterien in Millionen	1	2	4	8	16	32	64

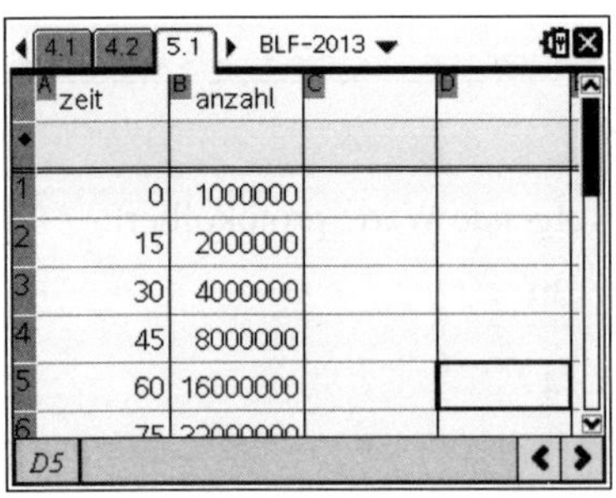

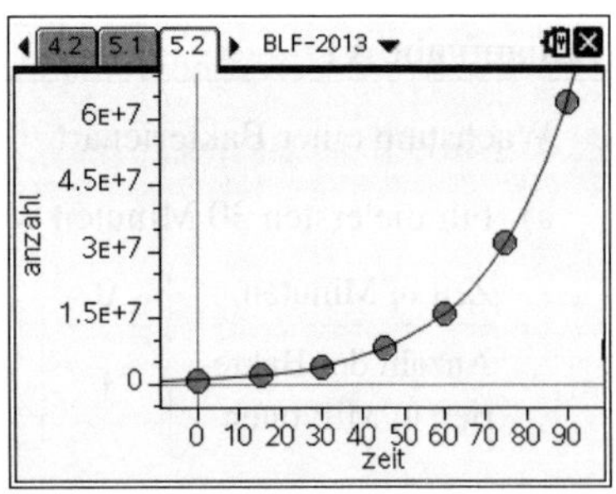

Grafische Darstellung:

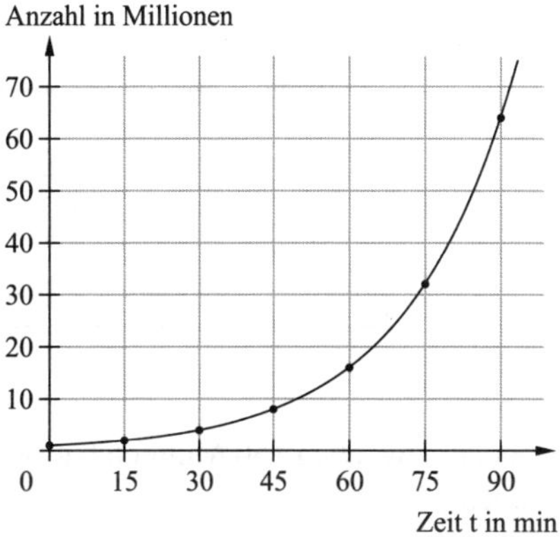

Bemerkung: In der grafischen Darstellung wurden die Punkte der Messwerte bereits verbunden, um für Teilaufgabe b die Darstellung der Exponentialfunktion deutlich zu machen.

b) Ermitteln der Gleichung für das exponentielle Wachstum:

$y = b \cdot a^x \quad (a, b \in \mathbb{R}; a > 0; b > 0)$

y … Anzahl der Bakterien zu einer bestimmten Zeit x
b … Anzahl der Bakterien zum Zeitpunkt x = 0, hier 1 000 000
a … Wachstumskoeffizient
x … Veränderliche, hier die Zeit

Nach Einsetzen eines Messwertepaares erhält man:

$$2\,000\,000 = 1\,000\,000 \cdot a^{15} \quad |:1\,000\,000$$

$$2 = a^{15} \quad |\,(\,)^{\frac{1}{15}}$$

$$a = 2^{\frac{1}{15}} = \sqrt[15]{2}$$

Die Funktionsgleichung lautet dann:

$$y = 1\,000\,000 \cdot \sqrt[15]{2}^{\,x} \quad x \text{ … Zeit in min}$$

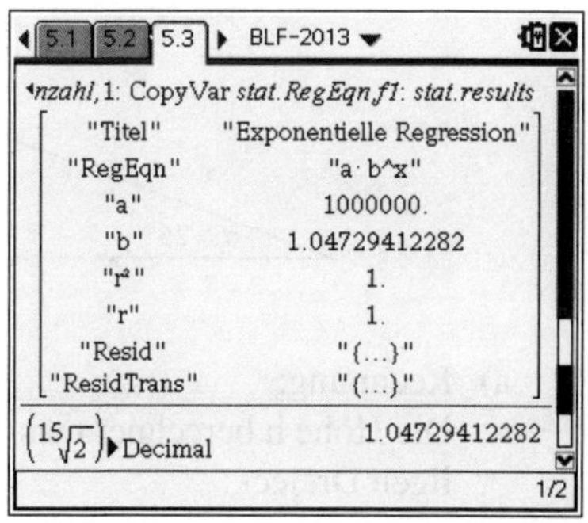

c) Neue Wachstumsgleichung:

$y = f(x) = 1\,000\,000 \cdot 15^x \quad x$ … Zeit in h

Anzahl der Bakterien nach
x = 90 min = <u>1,5 h</u>:

$y = f(1{,}5) = 1\,000\,000 \cdot 15^{1{,}5}$
$y \approx 5{,}8 \cdot 10^7$

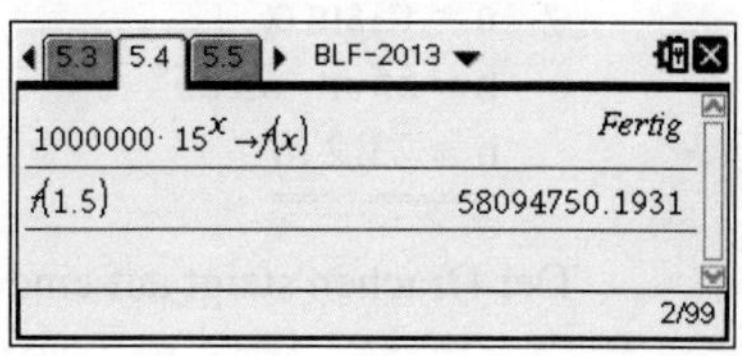

Nach 90 Minuten Wachstum erhält man etwa 58 Millionen Bakterien.

Bestimmen der Zeit, in der sich die Anzahl der Bakterien vertausendfacht hat:

$$1\,000 \cdot 1\,000\,000 = 1\,000\,000 \cdot 15^x$$
$$1\,000 = 15^x$$
$$\ln 1\,000 = \ln 15^x$$
$$\ln 1\,000 = x \cdot \ln 15$$
$$x = \frac{\ln 1\,000}{\ln 15}$$
$$x \approx 2{,}55$$

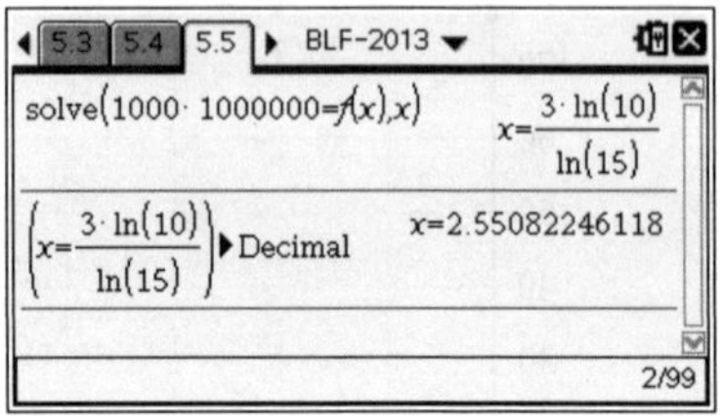

Nach einer Zeit von etwa 2,6 Stunden bzw. etwa 150 Minuten hat sich die Anzahl der Bakterien vertausendfacht.

2. Gegeben: rechtwinkliges Dreieck
   Hypotenuse $\ell = 55$ m
   $\alpha = 25°$

   Gesucht: Höhe h durch Rechnung und Konstruktion

   Skizze:

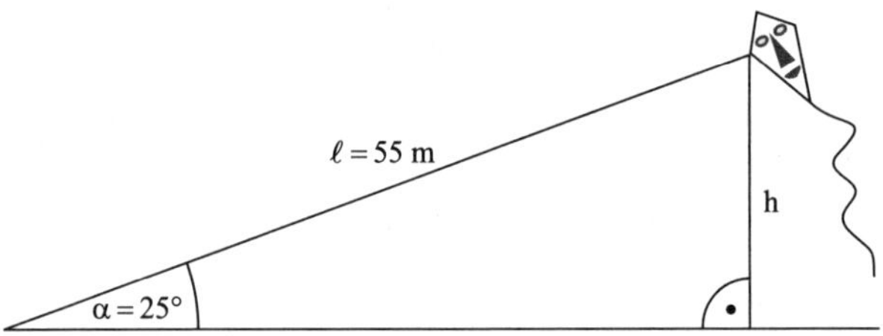

(Skizze nicht maßstäblich)

a) Rechnung:
   Die Höhe h berechnet man mittels der Winkelbeziehungen im rechtwinkligen Dreieck:

$$\sin\alpha = \frac{h}{\ell} \qquad |\cdot \ell$$
$$h = \ell \cdot \sin\alpha$$
$$h = 55\text{ m} \cdot \sin 25°$$
$$\underline{\underline{h \approx 23{,}2\text{ m}}}$$

   Der Drachen steigt auf eine Höhe von etwa 23 m.

Konstruktion:
Für die Konstruktion wählt man z. B. den Maßstab 1 cm $\hat{=}$ 10 m.
1. Zeichnen des Winkels $\alpha = 25°$.
2. Auf einem Schenkel des Winkels trägt man die Länge der Strecke $\ell = 5{,}5$ cm ab.
3. Fällen des Lotes vom Endpunkt dieser Strecke auf den anderen Schenkel des Winkels oder Antragen des rechten Winkels mit dem Geodreieck.

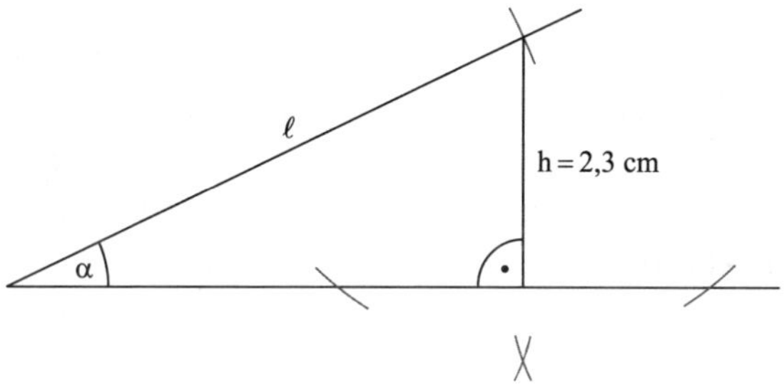

Durch Konstruktion erhält man mit Beachtung des Maßstabes eine Höhe des Drachens von ca. 23 m.

b) Da der Zusammenhang „Winkel α – Höhe h" nicht proportional ist, kann sich bei Verdopplung des Winkels α die Höhe h **nicht** verdoppeln.

Eine einfache Berechnung bestätigt dies:
$h' = 55 \text{ m} \cdot \sin 50°$
$h' \approx 42{,}1 \text{ m} \neq 2 \cdot 23{,}2 \text{ m}$

3. Gegeben: Zylinder mit aufgesetztem Kegel mit jeweils gleicher Höhe h
$r = 1$ dm
$V = 8\pi \text{ dm}^3$

Gesucht: Höhe h

Für das Volumen des zusammengesetzten Körpers gilt:

V = Volumen des Zylinders + Volumen des Kegels

$$V = \pi r^2 \cdot h + \frac{1}{3}\pi r^2 \cdot h$$

$$V = \frac{4}{3}\pi r^2 \cdot h \qquad \Big| \cdot \frac{3}{4\pi r^2}$$

$$h = \frac{3V}{4\pi r^2}$$

Das Einsetzen gegebener Werte liefert:

$$h = \frac{3 \cdot 8\pi \, dm^3}{4\pi \cdot 1 \, dm^2}$$

$$\underline{\underline{h = 6 \, dm}}$$

Der Zylinder und der Kegel haben jeweils eine Höhe von 6 dm.

4. Bekannt ist:

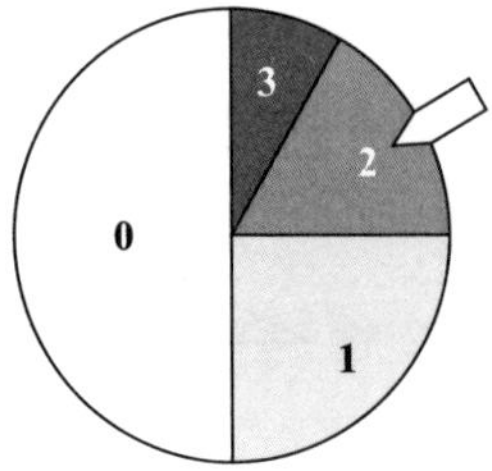

$P(1) = \frac{1}{4}$ und $P(3) = \frac{1}{12}$ und $P(0) = \frac{1}{2}$ (Halbkreis)

Somit ist:

$$P(2) = 1 - (P(0) + P(1) + P(3))$$

$$P(2) = 1 - \left(\frac{1}{2} + \frac{1}{4} + \frac{1}{12}\right)$$

$$P(2) = \frac{1}{6}$$

Für die gesuchten Wahrscheinlichkeiten folgt:

$P(A) = P(\text{„Die erste angezeigte Zahl ist eine 2.“}) = \underline{\underline{\frac{1}{6}}}$

$$\begin{aligned} P(B) &= P(\text{„Die Summe der angezeigten Zahlen ist 2.“}) \\ &= P(11; 02; 20) \\ &= \frac{1}{4} \cdot \frac{1}{4} + \frac{1}{2} \cdot \frac{1}{6} + \frac{1}{6} \cdot \frac{1}{2} \\ &= \underline{\underline{\frac{11}{48}}} \end{aligned}$$

$$\begin{aligned} P(C) &= P(\text{„Die Summe der angezeigten Zahlen ist mindestens 4.“}) \\ &= P(\{22; 13; 31; 23; 32; 33\}) \\ &= \frac{1}{6} \cdot \frac{1}{6} + 2 \cdot \frac{1}{4} \cdot \frac{1}{12} + 2 \cdot \frac{1}{6} \cdot \frac{1}{12} + \frac{1}{12} \cdot \frac{1}{12} \\ &= \underline{\underline{\frac{5}{48}}} \end{aligned}$$

$P(D) = P(\text{„Keine der angezeigten Zahlen ist eine 0."})$

$= P(\overline{0}\,\overline{0})$

$= \frac{1}{2} \cdot \frac{1}{2}$

$= \underline{\underline{\frac{1}{4}}}$

Wahlaufgabe A2

1. Gegeben: $y = f(x) = -(x-2)^2 + 4$

   $y = g(x) = -x^3 + 4 \qquad x \in \mathbb{R}$

   $A(0;\, f(0)),\ B(4;\, f(4)),\ C(1;\, 3)$

   a) Grafische Darstellung:

   Der Graph der Funktion f ist eine nach unten geöffnete Parabel mit dem Scheitelpunkt S(2; 4), die sich somit schnell mit einer handelsüblichen Kurvenschablone für x^2 zeichnen lässt.
   Der Graph der Funktion g ist gegenüber der Grundfunktion $y = x^3$ an der x-Achse gespiegelt und wurde um 4 Einheiten entlang der y-Achse nach oben verschoben. Dieser Graph lässt sich ebenfalls mit einer Kurvenschablone für x^3 sofort zeichnen. Ein CAS kann Sie beim Skizzieren unterstützen.

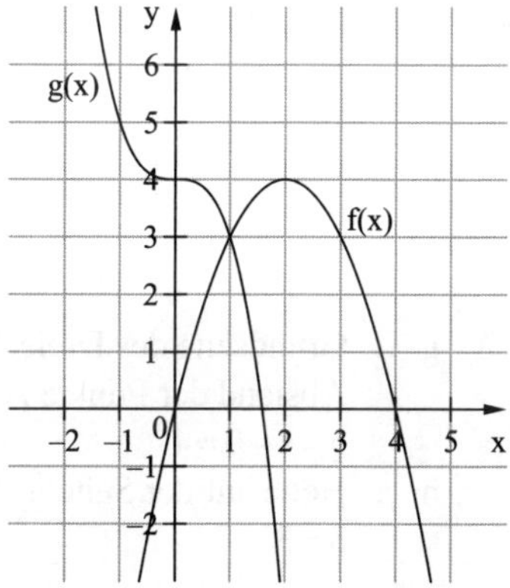

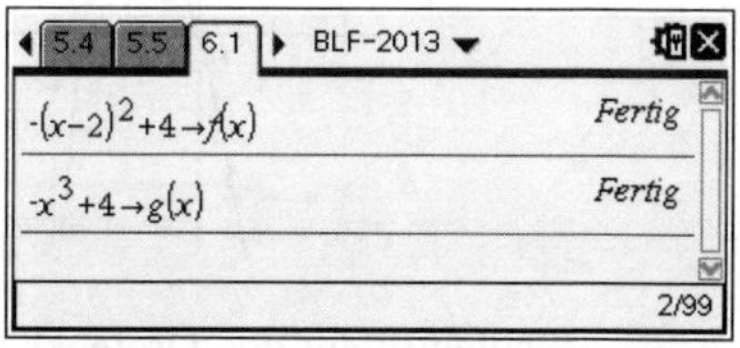

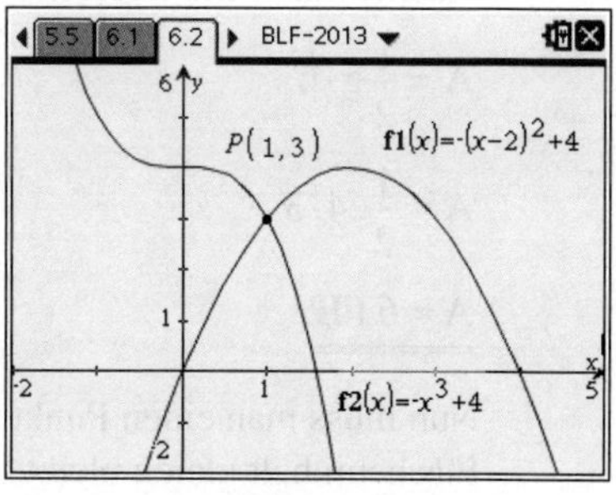

Wertebereiche:
Funktion f: $WB = \{y: y \in \mathbb{R}; y \leq 4\}$
Funktion g: $WB = \{y: y \in \mathbb{R}\}$

Der gemeinsame Punkt hat die Koordinaten (1; 3), womit es sich um Punkt C handelt.

Probe: $f(1) = -(1-2)^2 + 4 = 3$
$g(1) = -1^3 + 4 = 3$

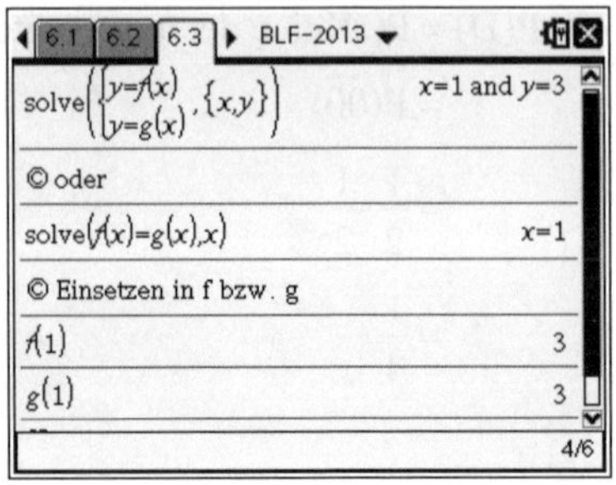

b) Man betrachtet die beiden Funktionsgleichungen als ein Gleichungssystem mit den Variablen x und y und löst dieses Gleichungssystem. Die Lösungspaare (x; y) entsprechen den Koordinaten der gemeinsamen Punkte der beiden Graphen.

c) Gegeben: $A(0; f(0)) = A(0; 0)$
$B(4; f(4)) = B(4; 0)$
$C(1; 3)$

Skizze:

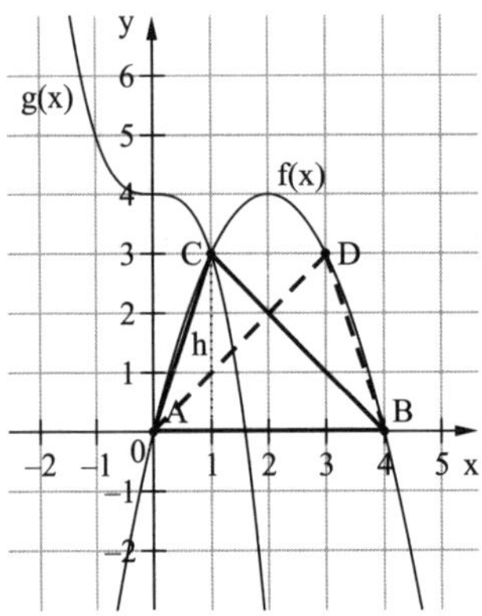

Flächeninhalt des Dreiecks ABC:

$$A = \frac{1}{2} g \cdot h$$

$$A = \frac{1}{2} \cdot 4 \cdot 3$$

$$\underline{\underline{A = 6 \text{ FE}}}$$

g … Grundseite des Dreiecks, hier Abstand der Punkte A und B
$g = 4 - 0 = 4$

h … Höhe auf der Seite g
$h = 3$

Nun muss man einen Punkt D auf dem Graphen von f finden, sodass der Flächeninhalt gleich bleibt.

Die Dreiecke ABC und ABD stimmen in ihrer Grundseite $\overline{AB}$ überein. Die Höhen der beiden Dreiecke müssen von der Länge her auch übereinstimmen. Somit muss auch das Dreieck ABD eine Höhe von 3 LE haben.
Man ermittelt somit die Koordinaten des Punktes D so, dass sein y-Wert mit dem Funktionswert $f(x)=3$ oder $f(x)=-3$ übereinstimmt.

Aus der Zeichnung bzw. durch inhaltliche Überlegung erhält man zum Beispiel D(3; 3).

Bemerkung: Mithilfe des CAS lassen sich zwei weitere mögliche x-Koordinaten für den Punkt D ($x=2-\sqrt{7}$ oder $x=2+\sqrt{7}$) berechnen.

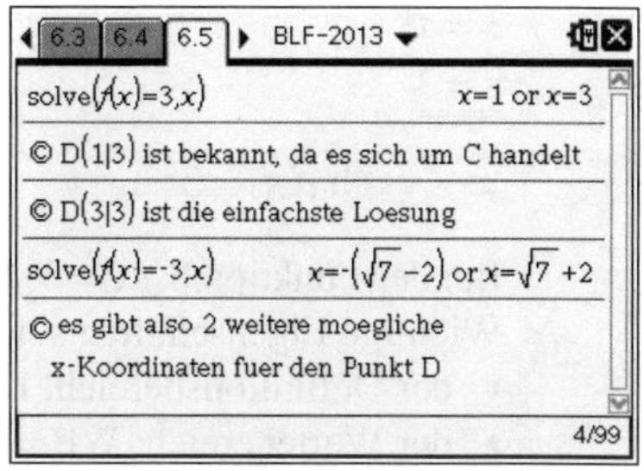

d) Um nachzuweisen, dass die Punkte B, C und der Punkt E(0; g(0)) auf einer Geraden liegen, berechnet man die Gleichung der linearen Funktion, die durch die Punkte B und C verläuft, und prüft, ob der Punkt E zur linearen Funktion gehört.

Funktionsgleichung: $y=mx+n$

Aufstellen eines Gleichungssystems durch Einsetzen der entsprechenden Werte der Punkte B und C.

$$\begin{array}{lll} \text{(I)} & 0=4m+n & \\ \text{(II)} & 3=m+n & \\ \hline \text{(I)}-\text{(II)} & -3=3m & |:(-3) \\ & m=-1 & \\ & n=4 & \end{array}$$

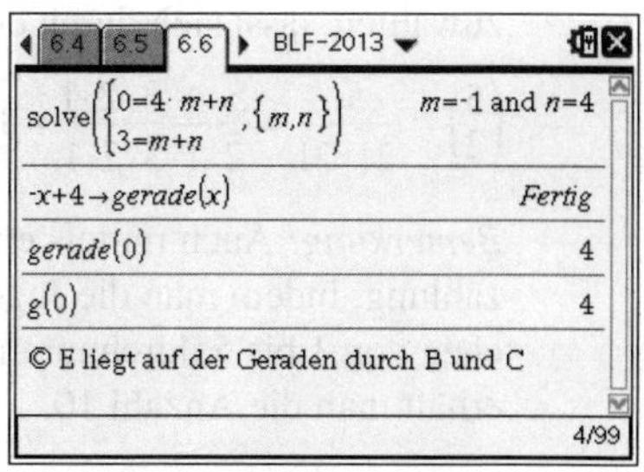

Somit erhält man als lineare Funktion:
$y=-x+4$

Setzt man nun für den Punkt E den Wert $x=0$ in die Gleichung ein, erhält man $y=4$. Da dieser Wert mit $g(0)=4$ übereinstimmt, ist rechnerisch nachgewiesen, dass die Punkte B, C und E auf einer Geraden liegen.

e) Funktion h_a: $y = h_a(x) = a^x$, $x \in \mathbb{R}$

Die Graphen von f und g haben den gemeinsamen Punkt C(1; 3), siehe Teilaufgabe a. Einsetzen dieses Punkts in h_a liefert:

$3 = a^1$

$\underline{\underline{a = 3}}$

$\Rightarrow \quad y = h_3(x) = 3^x$

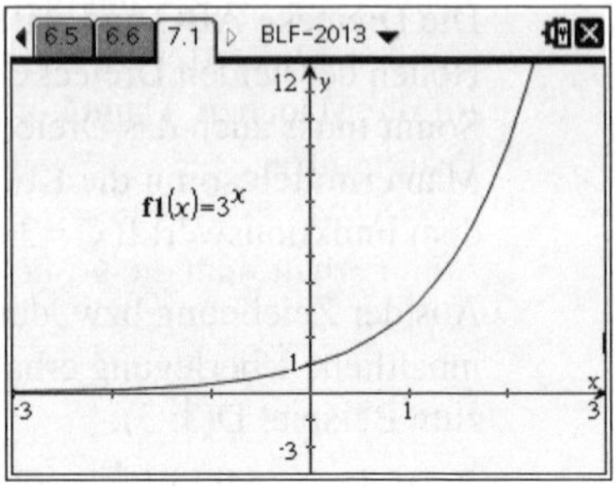

Bei der Funktion $h_3(x) = 3^x$ handelt es sich um eine Exponentialfunktion. Wichtige Eigenschaften sind zum Beispiel:

- der Definitionsbereich: $DB = \{x\colon x \in \mathbb{R}\}$
- der Wertebereich: $WB = \{y\colon y \in \mathbb{R};\ y > 0\}$
- das Nichtvorhandensein einer Nullstelle
- der streng monoton wachsende Verlauf des Graphen der Funktion im I. und II. Quadranten
- die Schnittstelle mit der y-Achse bei $y = 1$

2. a) Für das Nebeneinandersitzen der fünf Jugendlichen in einer Reihe gibt es $5! = 5 \cdot 4 \cdot 3 \cdot 2 \cdot 1 = 120$ Möglichkeiten.

b) Diese Anzahl der Möglichkeiten, aus den fünf Jugendlichen genau zwei auszuwählen, lässt sich durch den Binomialkoeffizienten berechnen:

$$\binom{5}{2} = \frac{5!}{2! \cdot 3!} = \frac{5 \cdot 4 \cdot 3 \cdot 2 \cdot 1}{2 \cdot 1 \cdot 3 \cdot 2 \cdot 1} = \underline{\underline{10}}$$

Bemerkung: Auch mittels einer Aufzählung, indem man die Jugendlichen von 1 bis 5 durchnummeriert, erhält man die Anzahl 10.

12			
13	23		
14	24	34	
15	25	35	45

c) P(„ein Junge und ein Mädchen sitzen in der anderen Reihe“)

= P(JM; MJ)

3 Jungen aus 5 Jugendlichen · 2 Mädchen aus noch 4 Jugendlichen + 2 Mädchen aus 5 Jugendlichen · 3 Jungen aus noch 4 Jugendlichen

$$= \frac{3}{5} \cdot \frac{2}{4} + \frac{2}{5} \cdot \frac{3}{4} = \underline{\underline{\frac{3}{5}}}$$

Bemerkung: Man kann hier auch die Nummerierung aus Teilaufgabe b verwenden. Die Ziffern 1 bis 3 stehen dabei für die Jungen, die Ziffern 4 und 5 für die Mädchen. Dann kommen die folgenden 6 Paare aus 10 möglichen Paaren infrage:
14; 15; 24; 25; 34; 35
Somit erhält man die gesuchte Wahrscheinlichkeit als Laplace-Wahrscheinlichkeit:

$$P = \frac{6}{10} = \frac{3}{5}$$

Als weitere Alternative kann man die Aufgabe auch mithilfe des Ziehens ohne Zurücklegen (hypergeometrische Verteilung) lösen. Man zieht 1 aus 3 Jungen und 1 aus 2 Mädchen. Insgesamt gibt es 2 aus 5 Möglichkeiten, 2 Jugendliche aus 5 Jugendlichen auszuwählen.

$$P = \frac{\binom{3}{1} \cdot \binom{2}{1}}{\binom{5}{2}} = \frac{3}{5}$$

Besondere Leistungsfeststellung Thüringen 10. Klasse Mathematik 2014

Pflichtaufgabe

Luise und Philipp beschäftigen sich in ihrer Seminarfacharbeit mit dem Tourismus in Nordthüringen. Ein Teil der Untersuchungen betrifft den Freizeitpark „Possen" mit dem Possenturm. Im Internet finden sie:

> „[…] Seit Mai 2004 […] heißt es wieder für jedermann: Willkommen zur schönen Aussicht auf dem sanierten höchsten Fachwerkturm Europas. Der Possen, ein großes und waldreiches Areal, war für die in Sondershausen residierenden Fürsten über Generationen hinweg ein geeigneter Platz zum Jagen. Im Jahr 1781 entstand in nur elf Monaten Bauzeit der achteckige 44,8 Meter hohe Turm. […] Von dem 8,5 Meter großen Durchmesser aus verjüngt sich das Bauwerk nach oben um circa einen Meter – eine für damalige Verhältnisse besondere Leistung. […]"

Aus: www.denkmalschutz.de (19. 11. 2013)

a) Weisen Sie nach, dass die Seitenlänge der regelmäßigen Grundfläche des Turms etwa 3,3 m beträgt.

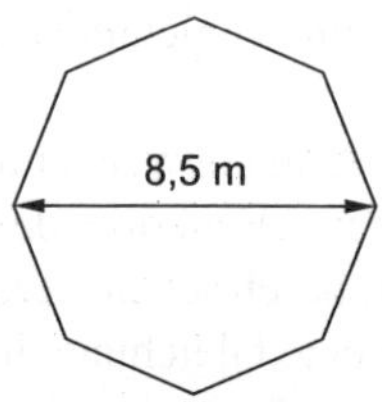

(3 BE)

b) Nach weiteren Recherchen findet Philipp, dass in einer Höhe von 42,2 m die Seitenlänge des Achtecks 2,9 m beträgt. Die Seitenflächen des Turms sind gleichschenklige Trapeze. Fünf dieser Seitenflächen wurden zum Schutz der Bausubstanz mit Lärchenholz verkleidet. Näherungsweise kann man für die Höhe des Trapezes die Höhe 42,2 m verwenden. Berechnen Sie den Flächeninhalt der Lärchenholzverkleidung.

(2 BE)

c) Auf dem Gelände des Freizeitparks entstand ein großzügiges Gehege für Braunbären.

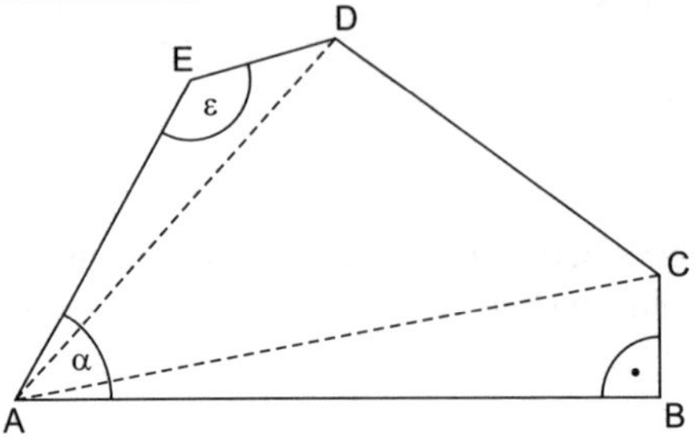

Skizze nicht maßstäblich

$\overline{AB} = 90\text{ m}$

$\overline{AE} = 46\text{ m}$

$\overline{BC} = 14\text{ m}$

$\overline{DE} = 20\text{ m}$

$\sphericalangle BAE = \alpha = 60°$

$\sphericalangle AED = \varepsilon = 140°$

Weisen Sie nach, dass die Größe des Winkels $\sphericalangle CAD \approx 39°$ beträgt.
Berechnen Sie den Flächeninhalt des Bärengeheges ABCDE. (7 BE)

d) Den Kletterwald des Freizeitparks kann man über eine Seilrolle verlassen. Man startet im Punkt $S(0\,|\,8)$ und erreicht im Punkt $Z(100\,|\,0)$ den Erdboden. Philipp stellt fest, dass der Verlauf des Seiles näherungsweise durch eine quadratische Funktion mit dem Scheitelpunkt Z beschrieben werden kann.
Ermitteln Sie eine Gleichung dieser Funktion. (2 BE)

e) Luise sagt: „Wenn das Seil straff gespannt wäre, könnte sein Verlauf durch eine lineare Funktion, deren Graph durch S und Z (aus Teilaufgabe d) verläuft, beschrieben werden."
Ermitteln Sie eine Gleichung dieser Funktion. (2 BE)

f) Luise verteilt zufällig während ihrer Präsentation an die Zuhörer Überraschungskugeln. Jede fünfte Kugel enthält eine Bärenfigur.

Berechnen Sie die Wahrscheinlichkeiten folgender Ereignisse:
A := „In drei verteilten Kugeln ist genau eine Bärenfigur enthalten."
B := „In vier verteilten Kugeln ist keine Bärenfigur enthalten."
C := „In zehn verteilten Kugeln ist mindestens eine Bärenfigur enthalten." (4 BE)

Wahlaufgabe A1

1. Gegeben sind für $x \in \mathbb{R}$ die Funktionen f und g durch $f(x) = \frac{1}{2} \cdot x^2 + 2$ und $g(x) = k \cdot \cos(x)$ mit $k \in \mathbb{R}$.

   a) Skizzieren Sie den Graphen der Funktion f in einem geeigneten Intervall.
   Skizzieren Sie den Graphen der Funktion g für $k = -\frac{3}{2}$ mindestens im Intervall $-\pi \leq x \leq \pi$ in dasselbe Koordinatensystem.
   Geben Sie die Wertebereiche der Funktionen f und g an. (4 BE)

   b) Geben Sie je einen Wert für k so an, dass die Funktionen f und g
   - genau einen gemeinsamen Punkt bzw.
   - mehrere gemeinsame Punkte besitzen. (2 BE)

   c) Die Punkte $A\left(-\frac{\pi}{2} \,\middle|\, g\left(-\frac{\pi}{2}\right)\right)$, $B\left(\frac{\pi}{2} \,\middle|\, g\left(\frac{\pi}{2}\right)\right)$ und $C(1 \,|\, f(1))$ bilden das Dreieck ABC.
   Berechnen Sie den Flächeninhalt dieses Dreiecks ABC.
   Weisen Sie rechnerisch nach, dass das Dreieck ABC nicht gleichschenklig ist. (4 BE)

2. Einem Dachdecker liegt von einem Satteldach folgende Skizze vor.

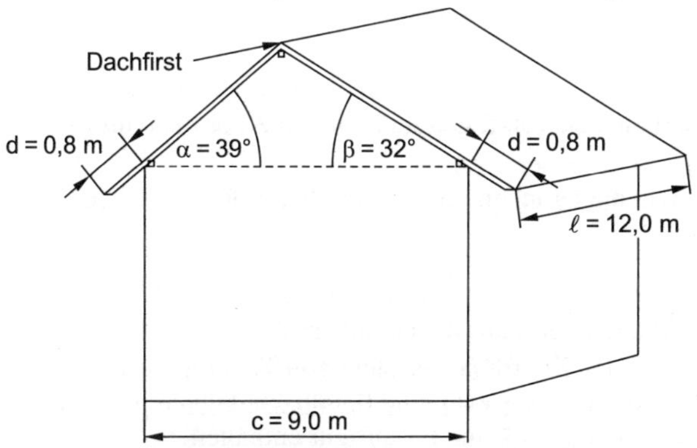

Skizze nicht maßstäblich

   a) Berechnen Sie den Flächeninhalt des Daches. (3 BE)

   b) Laut Hersteller werden pro Quadratmeter Dachfläche 11,7 Dachziegel und für einen Meter Firstlänge 3,5 Firstziegel benötigt. Ein Dachziegel kostet 1,15 €, ein Firstziegel 12,21 €. Für Ziegelbruch müssen 3 % berücksichtigt werden.
   Berechnen Sie die Materialkosten für das Dach. (2 BE)

3. In einer Urne befinden sich drei weiße, zwei schwarze und fünf blaue Kugeln.

a) Es werden drei Kugeln mit Zurücklegen gezogen.
Berechnen Sie die Wahrscheinlichkeiten folgender Ereignisse:
A := „Es werden drei gleichfarbige Kugeln gezogen."
B := „Alle drei Kugeln haben verschiedene Farben."
C := „Es wird mindestens eine weiße Kugel gezogen." (3 BE)

b) Es werden zwei Kugeln ohne Zurücklegen gezogen.
Zeichnen Sie für dieses Zufallsexperiment ein geeignetes Baumdiagramm.
Berechnen Sie die Wahrscheinlichkeit dafür, dass zwei gleichfarbige Kugeln gezogen werden. (2 BE)

Wahlaufgabe A2

1. Gegeben sind für $x \in \mathbb{R}$ die Funktionen f, g, h und k durch:

$f(x) = x^2 + x - 6$

$g(x) = -x^2 + 4$

$h(x) = \sqrt{x}$

$k(x) = x^2$

a) Skizzieren Sie die Graphen von f, g, h und k in ein Koordinatensystem.
Beschreiben Sie, wie die Graphen von f, g und h aus dem Graphen von k hervorgehen. (5 BE)

b) Die Graphen von f und g schneiden sich in den Punkten P und Q.
Durch die Punkte P und Q verläuft die Gerade m.
Zeichnen Sie diese in das Koordinatensystem von Teilaufgabe a.
Weisen Sie nach, dass $m(x) = \frac{1}{2}x - 1$ eine Funktionsgleichung von m ist.
Die Gerade s verläuft durch den Punkt $R(1\,|\,4)$ und steht senkrecht auf der Geraden m.
Geben Sie eine Gleichung von s an. (5 BE)

c) Beschreiben Sie ein Verfahren zur Ermittlung des Schnittpunktes der Graphen von f und h mit einem Computeralgebrasystem (CAS).
Geben Sie die Koordinaten des Schnittpunktes von f und h an. (2 BE)

d) Die Schnittpunkte der Funktion f mit der x-Achse und der Schnittpunkt der Funktionen f, g und m im 3. Quadranten bilden ein Dreieck. Die y-Achse teilt dieses Dreieck in zwei Teilflächen. Berechnen Sie das Verhältnis der Flächeninhalte dieser Teilflächen. (3 BE)

2. Anna, Betty, Christina, Daniel und Emil beteiligen sich gemeinsam an einem Gewinnspiel und gewinnen eine Reise für nur drei Personen. Sie losen aus, wer von ihnen an dieser Reise teilnehmen kann.

a) Ermitteln Sie die Wahrscheinlichkeit, dass ein Junge und zwei Mädchen an der Reise teilnehmen. (2 BE)

b) Berechnen Sie die Wahrscheinlichkeiten folgender Ereignisse:
A := „Die Reisegruppe besteht nur aus Mädchen."
B := „In der Reisegruppe ist mindestens ein Mädchen."
C := „Es sind genau zwei Jungen in der Reisegruppe." (3 BE)

Tipps und Hinweise zu den Lösungen

Pflichtaufgabe

a)

- Die Grundfläche ist ein regelmäßiges Achteck, dessen Eckpunkte auf einem Kreis mit dem Durchmesser $d = 8{,}5\,m$ liegen.
- Teilen Sie die Grundfläche in acht gleichschenklige Dreiecke ein. Kennzeichnen Sie die Radien und berechnen Sie den Innenwinkel α am Mittelpunkt des Kreises.
- Nutzen Sie z. B. den Kosinussatz.

b)

- Die zu verkleidende Seitenfläche besteht aus fünf gleich großen Trapezflächen.

c)

- Der gegebene Winkel α wird aus drei Winkeln α_1, α_2 und α_3 gebildet, zu denen auch der gesuchte Winkel $\sphericalangle CAD = \alpha_2$ gehört.
- Den Winkel α_1 berechnet man mit den Winkelbeziehungen im rechtwinkligen Dreieck ABC.
- Den Winkel α_3 berechnet man mit dem Sinussatz im Dreieck ADE.
- Überlegen Sie, wie man an die fehlende Seite $\overline{AD}$ kommt.
- Der Flächeninhalt A des Bärengeheges setzt sich aus drei Dreiecksflächen zusammen, die einzeln zu berechnen sind.

d)

- Nutzen Sie entweder die Scheitelpunktform $y = f(x) = a \cdot (x + d)^2 + e$ oder die Regressionsfunktion Ihres CAS. Entscheiden Sie sich für Letzteres, benötigen Sie die Koordinaten eines weiteren Punkts. Denken Sie hier an Symmetrieeigenschaften.

e)

- Eine lineare Funktion hat die allgemeine Gleichung $y = f(x) = mx + n$.

f)

- Gehen Sie davon aus, dass die Wahrscheinlichkeit, eine Bärenfigur zu erhalten, immer gleich ist.
- Bestimmen Sie zunächst P(F) und $P(\overline{F})$. F stehe hier für „Kugel enthält Bärenfigur“.
- Denken Sie beim Ereignis C an das Gegenereignis.

Wahlaufgabe A1

1 a)

- Wiederholen Sie Ihre Kenntnisse über den Einfluss der Parameter a und c auf die Funktion $y = a \cdot x^2 + c$ und des Parameters k auf den Graphen der Kosinusfunktion $y = k \cdot \cos x$.

1 b)

- Der Scheitelpunkt $S(0 \mid 2)$ der quadratischen Funktion bleibt unverändert.
- Finden Sie einen Wert für k, sodass die Kosinusfunktion g an der Stelle $x = 0$ auch den Funktionswert 2 besitzt.
- Untersuchen Sie den Verlauf von g, wenn sich der Wert von k ändert.

1 c)

- Ermitteln Sie zuerst die Koordinaten von A, B und C.
- Fertigen Sie eine Skizze an.
- Eine Seite des Dreiecks ABC liegt auf der x-Achse.
- Die Höhe h des Dreiecks ABC zerlegt dieses in zwei rechtwinklige Dreiecke.
- Wenden Sie den Satz des Pythagoras an.

2 a)

- Vervollständigen Sie die vorgegebene Skizze und beschriften Sie die Dachkantenlängen und kennzeichnen Sie das Giebeldreieck.
- Das Dach besteht aus zwei rechteckigen, unterschiedlich großen Flächen.
- Denken Sie an den Sinussatz.

2 b)

- Nutzen Sie das Ergebnis aus Teilaufgabe 2 a.
- Der First ist in der Abbildung gekennzeichnet.
- Nutzen Sie für die Berücksichtigung des Ziegelbruches von 3 % die Multiplikation mit dem Faktor 1,03.

3 a)

- Hier findet ein **dreimaliger** Ziehungsvorgang **mit Zurücklegen** statt.
- Die Wahrscheinlichkeiten für das Ziehen der einzelnen farbigen Kugeln bleiben somit immer gleich.
- Fertigen Sie z. B. ein beschriftetes Baumdiagramm an und ermitteln Sie dann die Wahrscheinlichkeiten der Ereignisse mithilfe der Pfadregeln.

3 b)

- Im Unterschied zur Teilaufgabe a findet jetzt ein **zweimaliger** Ziehungsvorgang **ohne Zurücklegen** statt.
- Die Wahrscheinlichkeiten für das Ziehen der einzelnen farbigen Kugeln ändern sich.

Wahlaufgabe A2

1 a)

- Beginnen Sie mit der Darstellung der Funktion $y = k(x) = x^2$. Nutzen Sie dafür unbedingt die Kurvenschablone.
- Ermitteln Sie vom Graphen der Funktion $y = f(x) = x^2 + x - 6$ mittels CAS die Koordinaten des Scheitelpunktes und nutzen Sie die Kurvenschablone.
- Der Graph der Funktion g ist eine nach unten geöffnete Parabel mit dem Scheitel $S(0\,|\,4)$.
- Die Funktion h ist für $x \geq 0$ die Umkehrfunktion der Funktion k.

1 b)

- Kennzeichnen Sie die Schnittpunkte P und Q im Koordinatensystem und zeichnen Sie die Gerade m ein.
- Setzen Sie die Koordinaten von P und Q in die Gleichung m(x) ein und weisen Sie so nach, dass die Gerade durch diese Funktionsgleichung beschrieben werden kann.
- Für die Anstiege m_1 und m_2 von senkrecht stehenden Geraden gilt: $m_1 \cdot m_2 = -1$

1 c)

- Wenn Sie grafisch vorgehen, dann nutzen Sie das Grafikmenü Ihres CAS.
- Wenn Sie rechnerisch vorgehen, dann geben Sie an, welche Gleichung zu lösen ist.
- Vergessen Sie in beiden Fällen nicht, die Koordinaten des Schnittpunktes anzugeben.

1 d)

- Bestimmen Sie die Koordinaten aller nötigen Eckpunkte.
- Berechnen Sie zuerst den Flächeninhalt der dreieckigen Teilfläche.
- Ziehen Sie diese vom Flächeninhalt des großen Dreiecks ab.
- Setzen Sie beide Teilflächen zueinander ins Verhältnis.

2 a) und 2 b)

- Die Auslosung der Teilnehmer kann durch einen **dreimaligen** Ziehungsvorgang **ohne** Zurücklegen dargestellt werden. Nutzen Sie ein Baumdiagramm.

Lösungen

Pflichtaufgabe

a) Gegeben: regelmäßige achteckige Grundfläche

$d = 8{,}5\ m$

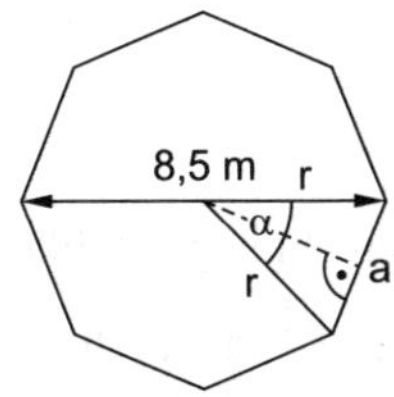

(Skizze nicht maßstäblich)

Gesucht: Seitenlänge a der Grundfläche

Da es sich um ein regelmäßiges Achteck handelt, liegen alle Eckpunkte auf einem Kreis k mit dem Durchmesser d. Somit gilt für den Winkel α:

$\alpha = 360° : 8$

$\underline{\alpha = 45°}$

Für die Berechnung der Seitenlänge a nutzt man z. B. den Kosinussatz.

$a^2 = 2r^2 - 2r^2 \cdot \cos\alpha$

$a^2 = 2 \cdot (4{,}25\ m)^2 - 2 \cdot (4{,}25\ m)^2 \cdot \cos 45°$

$a \approx 3{,}25\ m$

$\underline{\underline{a \approx 3{,}3\ m}}$

Die Seitenlänge a kann auch mittels der Winkelbeziehungen im rechtwinkligen Dreieck berechnet werden.

$$\sin\frac{\alpha}{2} = \frac{\frac{a}{2}}{r}$$

Umgestellt nach a erhält man:

$$a = 2r \cdot \sin\frac{\alpha}{2}$$

(Formel steht in einigen Tafelwerken.)

$a = 2 \cdot 4{,}25\ m \cdot \sin 22{,}5°$

$\underline{\underline{a \approx 3{,}3\ m}}$

Damit ist nachgewiesen, dass die Seitenlänge der Grundfläche etwa 3,3 m beträgt.

b) Gegeben: Seitenflächen als gleichschenklige Trapeze

$a = 3{,}3\ m$

$c = 2{,}9\ m$

$h = 42{,}2\ m$

Gesucht: Flächeninhalt A (setzt sich aus fünf Trapezflächen A_T zusammen)

Skizze:

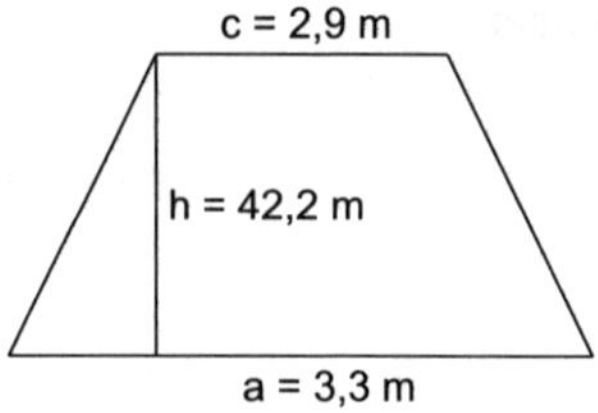

(Skizze nicht maßstäblich)

Berechnung des Flächeninhaltes A_T einer Trapezfläche:

$$A_T = \frac{1}{2}(a+c)\cdot h$$

$$A_T = \frac{1}{2}(3{,}3\ \text{m} + 2{,}9\ \text{m})\cdot 42{,}2\ \text{m}$$

$$\underline{A_T \approx 130{,}8\ \text{m}^2}$$

Gesamter Flächeninhalt:

$$A = 5\cdot A_T$$

$$A \approx 5\cdot 130{,}8\ \text{m}^2$$

$$\underline{\underline{A = 654\ \text{m}^2}}$$

Der Flächeninhalt der Lärchenholzverkleidung beträgt etwa 654 m^2.

c) Gegeben: Gehege für Braunbären in Form eines Fünfecks ABCDE

$\overline{AB} = 90$ m

$\overline{AE} = 46$ m

$\overline{BC} = 14$ m

$\overline{DE} = 20$ m

$\sphericalangle BAE = \alpha = 60°$

$\sphericalangle AED = \varepsilon = 140°$

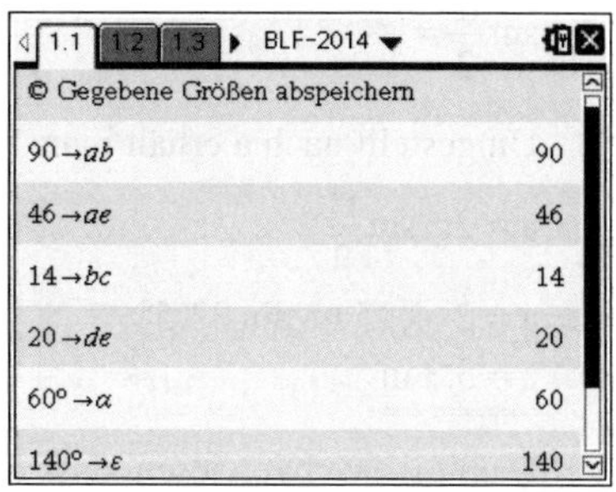

Skizze:

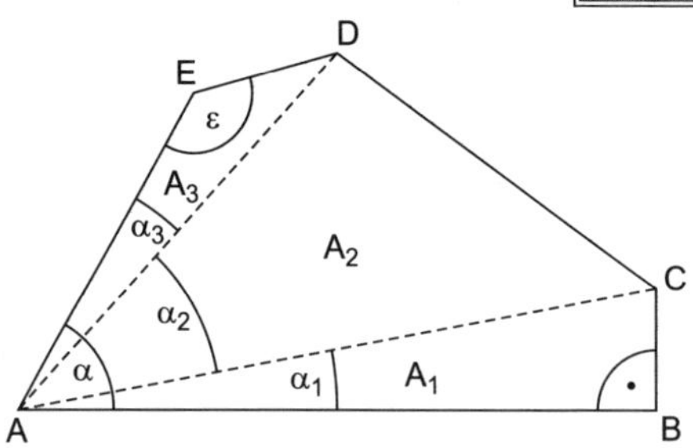

(Skizze nicht maßstäblich)

Gesucht: Größe des Winkels $\sphericalangle CAD = \alpha_2$

Flächeninhalt des Fünfecks ABCDE

Für den Winkel α gilt: $\alpha = \alpha_1 + \alpha_2 + \alpha_3$. Da $\alpha = 60°$ ist, benötigt man die Größen der Winkel α_1 und α_3, um nachzuweisen, dass der Winkel $\sphericalangle CAD = \alpha_2 \approx 39°$ beträgt.

Den Winkel α_1 berechnet man mit den Winkelbeziehungen im rechtwinkligen Dreieck ABC.

$$\tan\alpha_1 = \frac{\text{Gegenkathete}}{\text{Ankathete}}$$

$$\tan\alpha_1 = \frac{\overline{BC}}{\overline{AB}}$$

$$\tan\alpha_1 = \frac{14\text{ m}}{90\text{ m}}$$

$$\underline{\alpha_1 \approx 8{,}8°}$$

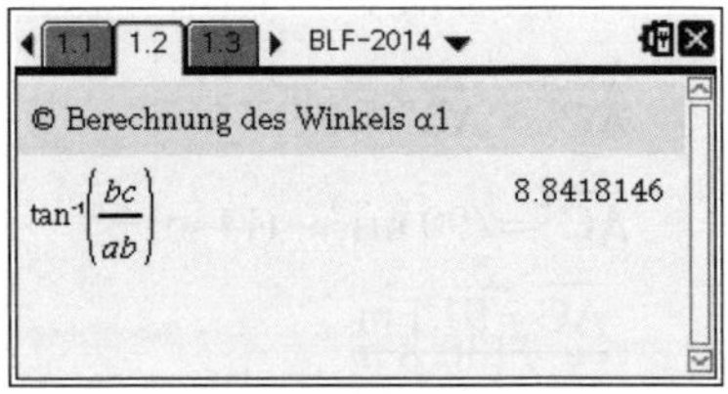

Für die Berechnung des Winkels α_3 nutzt man den Sinussatz im Dreieck ADE. Die dafür benötigte Seite $\overline{AD}$ berechnet man mit dem Kosinussatz.

$$\overline{AD}^2 = \overline{AE}^2 + \overline{DE}^2 - 2 \cdot \overline{AE} \cdot \overline{DE} \cdot \cos\varepsilon$$

$$\overline{AD}^2 = (46\text{ m})^2 + (20\text{ m})^2 - 2 \cdot 46\text{ m} \cdot 20\text{ m} \cdot \cos 140°$$

$$\underline{\overline{AD} \approx 62{,}7\text{ m}}$$

$$\frac{\sin\alpha_3}{\overline{DE}} = \frac{\sin\varepsilon}{\overline{AD}}$$

$$\sin\alpha_3 = \frac{\overline{DE} \cdot \sin\varepsilon}{\overline{AD}}$$

$$\sin\alpha_3 \approx \frac{20\text{ m} \cdot \sin 140°}{62{,}7\text{ m}}$$

$$\underline{\alpha_3 \approx 11{,}8°}$$

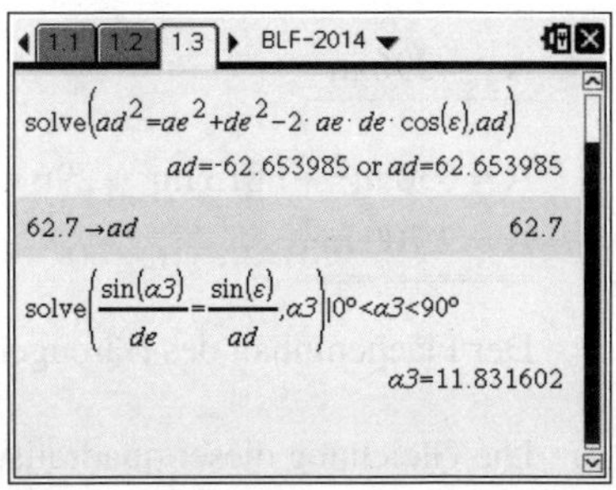

$$\alpha_2 = \alpha - \alpha_1 - \alpha_3$$

$$\alpha_2 \approx 60° - 8{,}8° - 11{,}8°$$

$$\underline{\underline{\alpha_2 \approx 39{,}4°}}$$

Damit ist nachgewiesen, dass der Winkel $\sphericalangle CAD$ eine Größe von etwa 39° hat.

Der Flächeninhalt A des Bärengeheges setzt sich aus den Dreiecksflächen A_1, A_2 und A_3 zusammen, die sich folgendermaßen berechnen lassen:

$$A_1 = \frac{1}{2} \cdot \overline{AB} \cdot \overline{BC} \qquad \text{(rechtwinkliges Dreieck)}$$

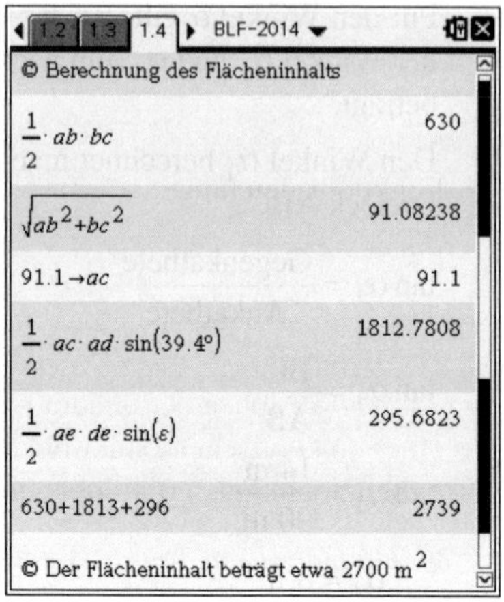

$$A_1 = \frac{1}{2} \cdot 90\text{ m} \cdot 14\text{ m}$$

$$\underline{A_1 = 630\text{ m}^2}$$

$$\overline{AC}^2 = \overline{AB}^2 + \overline{BC}^2$$

$$\overline{AC}^2 = (90\text{ m})^2 + (14\text{ m})^2$$

$$\underline{\overline{AC} \approx 91{,}1\text{ m}}$$

$$A_2 = \frac{1}{2} \cdot \overline{AC} \cdot \overline{AD} \cdot \sin\alpha_2$$

$$A_2 \approx \frac{1}{2} \cdot 91{,}1\text{ m} \cdot 62{,}7\text{ m} \cdot \sin 39{,}4^\circ$$

$$\underline{A_2 \approx 1\,813\text{ m}^2}$$

$$A_3 = \frac{1}{2} \cdot \overline{AE} \cdot \overline{DE} \cdot \sin\varepsilon$$

$$A_3 = \frac{1}{2} \cdot 46\text{ m} \cdot 20\text{ m} \cdot \sin 140^\circ$$

$$\underline{A_3 \approx 296\text{ m}^2}$$

$$A \approx 630\text{ m}^2 + 1\,813\text{ m}^2 + 296\text{ m}^2$$

$$\underline{\underline{A \approx 2\,700\text{ m}^2}}$$

Der Flächeninhalt des Bärengeheges beträgt rund 2 700 m^2.

d) Die Gleichung dieser quadratischen Funktion, deren Scheitelpunkt in $Z(100\,|\,0)$ liegt und die durch den Punkt $S(0\,|\,8)$ verläuft, lässt sich durch eine Rechnung oder schneller mit einem CAS ermitteln.

Berechnung der Funktionsgleichung:
Ansatz über die Scheitelpunktform einer quadratischen Funktion.

$$y = f(x) = a(x+d)^2 + e$$

Aus $Z(100\,|\,0)$ folgt: $\underline{d = -100}$ und $\underline{e = 0}$

Setzt man nun die Koordinaten von S(0|8) in die Gleichung ein, erhält man a.

$8 = a \cdot (0 - 100)^2$

$8 = a \cdot 10\,000$

$\underline{a = \frac{1}{1\,250}}$

Funktionsgleichung:

$$y = f(x) = \frac{1}{1\,250}(x - 100)^2 = 0{,}0008x^2 - 0{,}16x + 8$$

Bei Benutzung eines CAS sind die Koordinaten eines weiteren Punktes P, der auf dem Graphen der quadratischen Funktion liegt, zu bestimmen. Da der Graph einer quadratischen Funktion achsensymmetrisch zu einer Geraden durch den Scheitelpunkt ist, erhält man den Symmetriepunkt P(200|8) zu S(0|8).

Eine quadratische Regression liefert sofort die Funktionsgleichung:

$y = f(x) = 0{,}0008x^2 - 0{,}16x + 8$

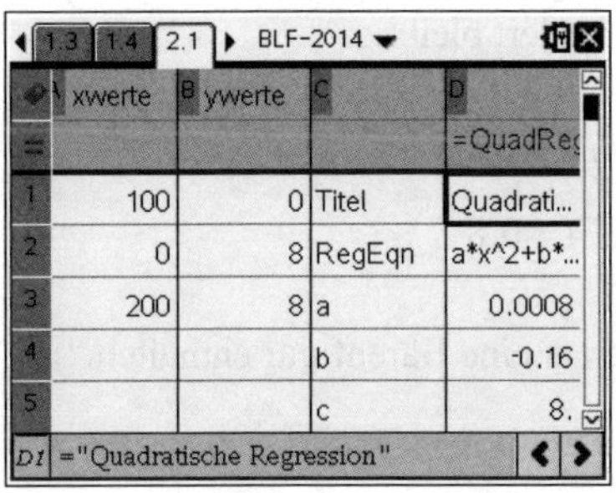

	A xwerte	B ywerte	C	D
=				=QuadReg
1	100	0	Titel	Quadrati...
2	0	8	RegEqn	a*x^2+b*...
3	200	8	a	0.0008
4			b	-0.16
5			c	8.

D1 ="Quadratische Regression"

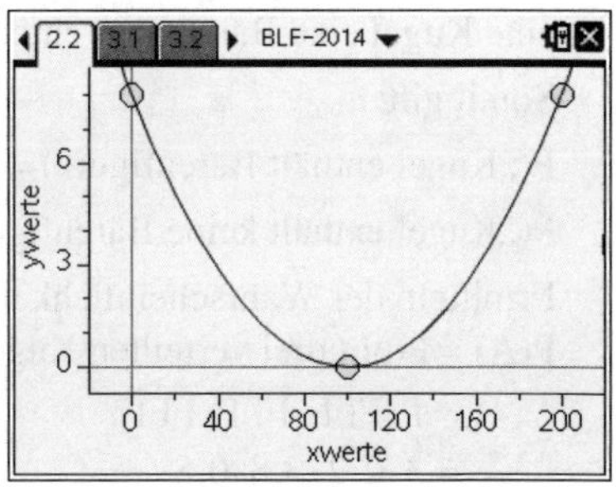

e) Analog zur Lösung der Teilaufgabe d ermittelt man die Gleichung der gesuchten linearen Funktion durch Berechnung oder mit dem CAS.

Berechnung der Funktionsgleichung:
Ansatz durch Aufstellen einer Gleichung für eine lineare Funktion

$y = f(x) = mx + n$

Aus S(0|8) folgt: $\underline{n = 8}$

Setzt man die Koordinaten von Z(100|0) in die Gleichung ein, erhält man m.

$0 = 100m + 8$

$\underline{m = -\frac{2}{25} = -0{,}08}$

Funktionsgleichung:

$$y = f(x) = -\frac{2}{25}x + 8 = -0{,}08x + 8$$

Mit einem CAS erhält man durch lineare Regression auch die Funktionsgleichung $y = f(x) = -0{,}08x + 8$.

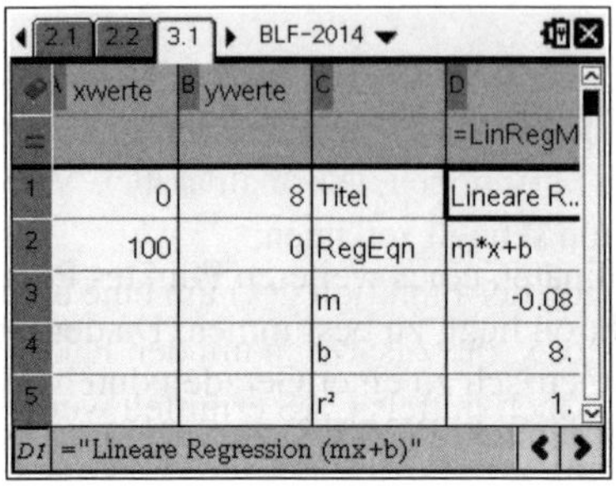

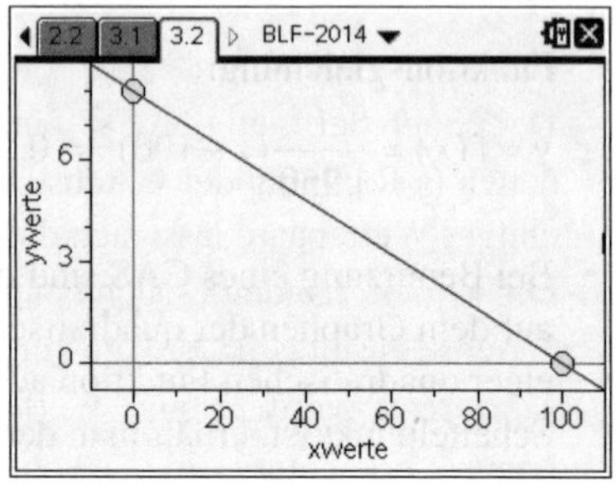

f) Beim Verteilen der Überraschungskugeln kann man davon ausgehen, dass durch eine angenommene größere Anzahl von Kugeln die Wahrscheinlichkeit p, dass eine Kugel eine Bärenfigur enthält, unverändert bleibt.

Somit gilt:

P(„Kugel enthält Bärenfigur") = P(F) = 0,2

P(„Kugel enthält keine Bärenfigur") = $P(\overline{F}) = 0{,}8$

Ermitteln der Wahrscheinlichkeiten:

P(A) = P(„In drei verteilten Kugeln ist genau eine Bärenfigur enthalten.")

$= P(F\overline{F}\overline{F};\ \overline{F}F\overline{F};\ \overline{F}\overline{F}F)$

$= 3 \cdot 0{,}2 \cdot 0{,}8 \cdot 0{,}8$

$= \underline{\underline{0{,}3840}}$

P(B) = P(„In vier verteilten Kugeln ist keine Bärenfigur enthalten.")

$= P(\overline{F}\overline{F}\overline{F}\overline{F})$

$= 0{,}8^4$

$= \underline{\underline{0{,}4096}}$

Das Ereignis C := „In zehn verteilten Kugeln ist mindestens eine Bärenfigur enthalten" ist das Gegenereignis von $\overline{C}$:= „In zehn verteilten Kugeln ist **keine** Bärenfigur enthalten".

$P(C) = 1 - P(\overline{C})$

$= 1 - 0{,}8^{10}$

$\approx \underline{\underline{0{,}8926}}$

Wahlaufgabe A1

Gegeben: $f(x) = \frac{1}{2}x^2 + 2,\ x \in \mathbb{R}$

$g(x) = k \cdot \cos(x),\ x \in \mathbb{R}, k \in \mathbb{R}$

a) Grafische Darstellung:
Der Graph der Funktion f ist eine um den Faktor $\frac{1}{2}$ gestauchte und um 2 Einheiten in Richtung der y-Achse nach oben verschobene Normalparabel. Mithilfe einiger Wertepaare lässt sich diese Funktion schnell zeichnen.
Für $k = -\frac{3}{2}$ handelt es sich bei dem Graphen der Funktion g(x) um eine an der x-Achse gespiegelte Kosinusfunktion $y = \cos x$, die zusätzlich um den Faktor $\frac{3}{2}$ gestreckt wurde. Einige Wertepaare, die auch mittels CAS ermittelt werden können, erleichtern die grafische Darstellung.

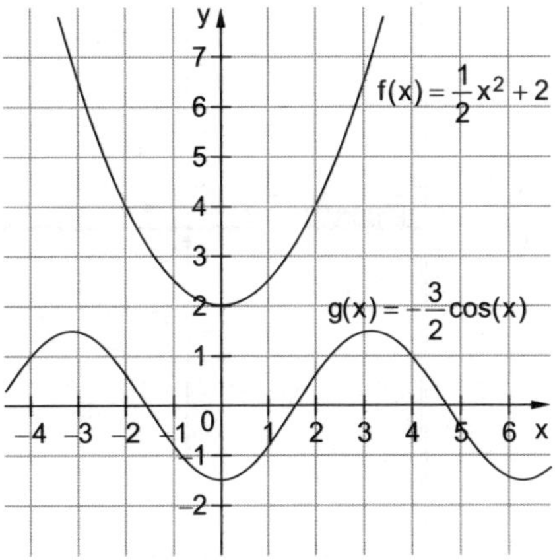

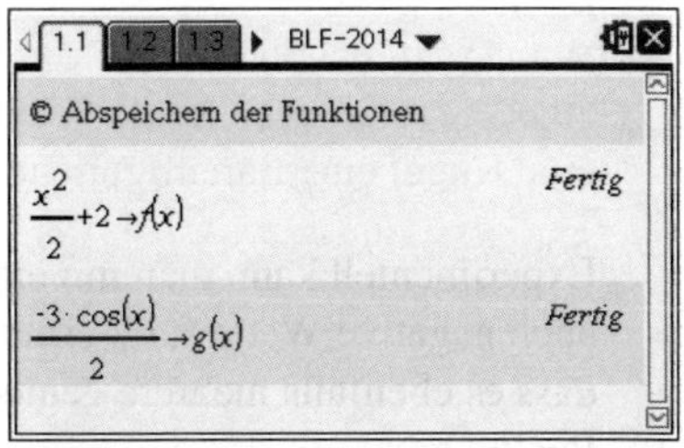

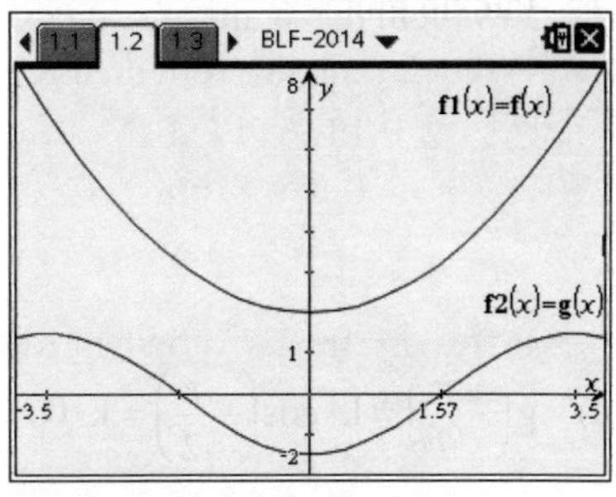

Angabe der Wertebereiche:

Funktion f: $WB = \{y: y \in \mathbb{R};\ y \geq 2\}$

Funktion g: $WB = \left\{y: y \in \mathbb{R};\ -\frac{3}{2} \leq y \leq \frac{3}{2}\right\}$ für $k = -\frac{3}{2}$

b) Durch den Wert des Parameters k bei der Funktion $g(x) = k \cdot \cos(x)$ ändert sich der Wertebereich und somit das Minimum bzw. Maximum bezüglich der y-Werte.

Da die Funktion f bei S(0 | 2) ihren Scheitelpunkt und damit ihr Minimum besitzt, berührt für <u>k = 2</u> die Kosinusfunktion $g(x) = 2 \cdot \cos(x)$ nur in diesem Punkt die Funktion f(x).

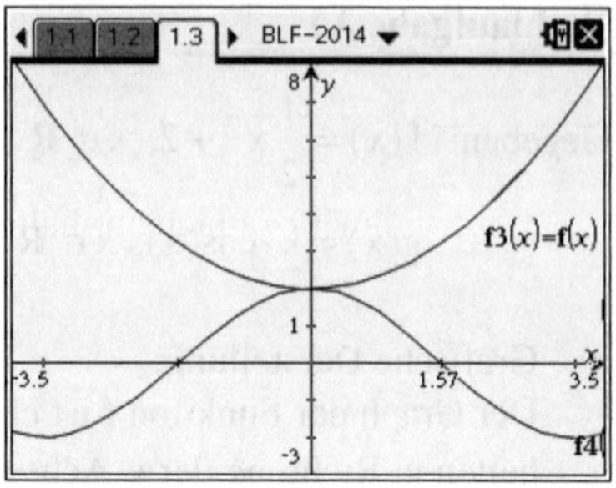

Für k > 2 liegt nun das Maximum der Kosinusfunktion g(x) an der Stelle x = 0 oberhalb von y = 2. Damit besitzen diese beiden Funktionen für **jeden Wert von k > 2** mehrere gemeinsame Punkte, z. B. k = 3.

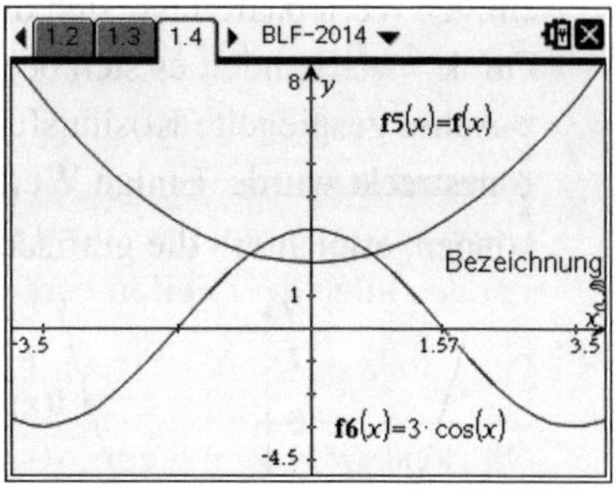

Experimentell kann man mit einem CAS auch negative Werte für k ermitteln, sodass es ebenfalls mehrere gemeinsame Punkte gibt.

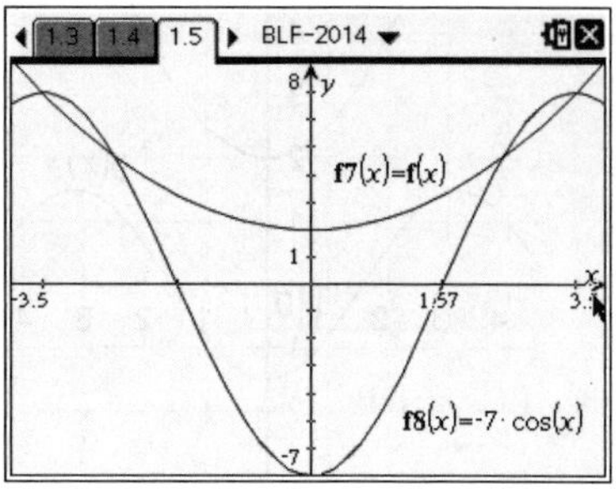

c) $g\left(-\frac{\pi}{2}\right) = k \cdot \cos\left(-\frac{\pi}{2}\right) = k \cdot 0 = 0$

$g\left(\frac{\pi}{2}\right) = k \cdot \cos\left(\frac{\pi}{2}\right) = k \cdot 0 = 0$

$f(1) = \frac{1}{2} \cdot 1^2 + 2 = 2{,}5$

Damit folgt:

$A\left(-\frac{\pi}{2} \,\middle|\, 0\right)$

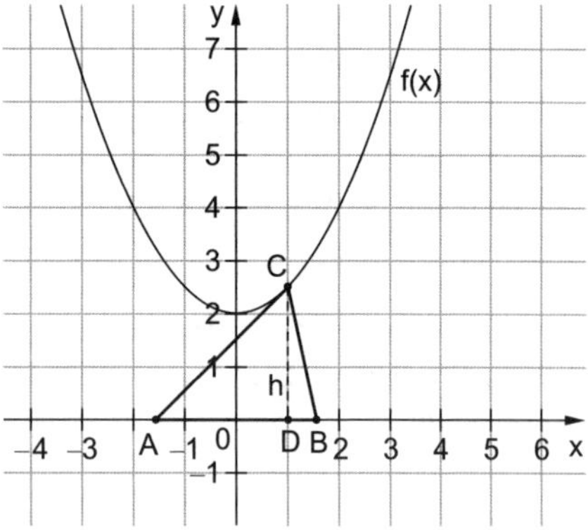

$B\left(\frac{\pi}{2}\middle|0\right)$

$C(1|2{,}5)$

Berechnung des Flächeninhaltes A des Dreiecks ABC:

$A = \frac{1}{2} \cdot g \cdot h$ g … Seite $\overline{AB}$ des Dreiecks, $\overline{AB} = \pi$ LE

h … Höhe des Dreiecks, $h = f(1) = 2{,}5$ LE

$A = \frac{1}{2} \cdot \pi \text{ LE} \cdot 2{,}5 \text{ LE}$

$\underline{\underline{A = \frac{5}{4}\pi \text{ FE} \approx 3{,}93 \text{ FE}}}$

Berechnung der Seitenlängen:
Um nachzuweisen, dass das Dreieck ABC nicht gleichschenklig ist, müssen die Längen **aller drei Seiten** berechnet werden.

Die Länge der Seite $\underline{\overline{AB} = \pi \text{ LE}}$ wurde bereits berechnet.

Die anderen Seitenlängen $\overline{AC}$ und $\overline{BC}$ sind jeweils die Hypotenusen in den rechtwinkligen Dreiecken ADC und DBC.

$\overline{AC}^2 = \overline{AD}^2 + h^2$

$\overline{AC}^2 = \left(1 + \frac{\pi}{2}\right)^2 + 2{,}5^2$

$\underline{\overline{AC} \approx 3{,}59 \text{ [LE]}}$

$\overline{BC}^2 = \overline{DB}^2 + h^2$

$\overline{BC}^2 = \left(\frac{\pi}{2} - 1\right)^2 + 2{,}5^2$

$\underline{\overline{BC} \approx 2{,}56 \text{ [LE]}}$

Damit ist nachgewiesen, dass alle Seiten verschieden lang sind und das Dreieck damit nicht gleichschenklig ist.

2. a) Für eine Berechnung des Flächeninhalts des Daches ergänzt man zuerst die vorgegebene Skizze durch die noch zu berechnenden Dachkantenlängen e und f. Beachten Sie, dass das Giebeldreieck ABC **nicht** gleichschenklig ist, da die Winkel α und β verschieden sind. Die Größe des Winkels γ beträgt $180° - 39° - 32° = 109°$. Die zu berechnende Dachfläche setzt sich aus den beiden Rechtecksflächen A_1 und A_2 zusammen.

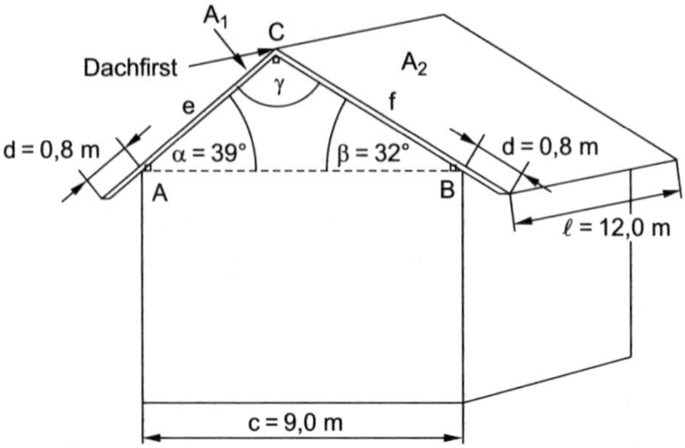

(Skizze nicht maßstäblich)

Berechnen der Dachkantenlängen e und f mittels Sinussatz im Dreieck ABC:

$$\frac{e}{\sin\beta} = \frac{c}{\sin\gamma}$$

$$e = \frac{c \cdot \sin\beta}{\sin\gamma}$$

$$e = \frac{9,0\ \text{m} \cdot \sin 32°}{\sin 109°}$$

$$\underline{e \approx 5,04\ \text{m}}$$

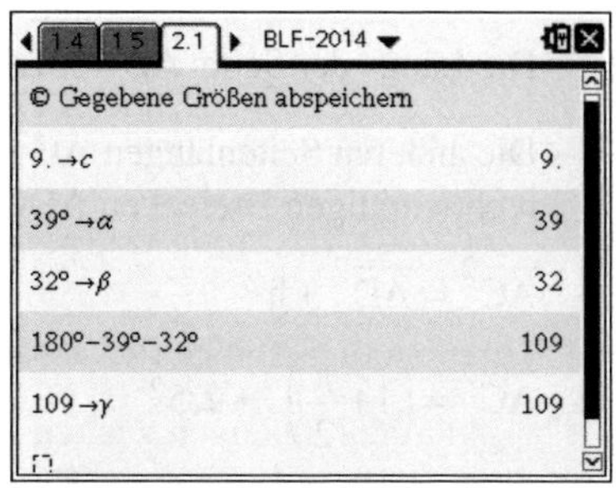

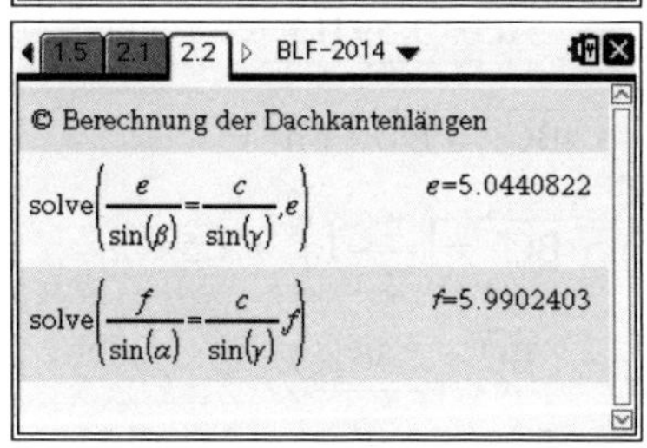

$$\frac{f}{\sin\alpha} = \frac{c}{\sin\gamma}$$

$$f = \frac{c \cdot \sin\alpha}{\sin\gamma}$$

$$f = \frac{9,0\ \text{m} \cdot \sin 39°}{\sin 109°}$$

$$\underline{f \approx 5,99\ \text{m}}$$

Berechnen der Dachflächen A_1 und A_2:

$A_1 = (e + d) \cdot \ell$

$A_1 \approx (5,04\ \text{m} + 0,8\ \text{m}) \cdot 12,0\ \text{m}$

$A_1 = 70,08\ \text{m}^2$

$A_2 = (f + d) \cdot \ell$

$A_2 \approx (5{,}99\ \text{m} + 0{,}8\ \text{m}) \cdot 12{,}0\ \text{m}$

$A_2 = 81{,}48\ \text{m}^2$

$\underline{\underline{A \approx A_1 + A_2 \approx 152\ \text{m}^2}}$

Der Flächeninhalt der Dachfläche beträgt etwa 152 m².

b) Materialkosten der Dachziegel:

152	· 11,7	· 1,03	· 1,15 €	$\approx \underline{2\,106{,}52\ €}$
Fläche in m²	Dachziegel pro m²	Prozentualer Zuschlag von 3 %	Preis pro Dachziegel	

Materialkosten der Firstziegel:

12	· 3,5	· 1,03	· 12,21 €	$\approx \underline{528{,}20\ €}$
Länge in m	Firstziegel pro m	Prozentualer Zuschlag von 3 %	Preis pro Firstziegel	

Materialkosten insgesamt:

$2\,106{,}52\ € + 528{,}20\ € \approx 2\,635\ €$

Bemerkung: Werden die Berechnungen einzeln ausgeführt und wird dabei die Anzahl der Dachziegel gerundet, sind die zu veranschlagenden Materialkosten etwas höher.

3. Urne mit drei weißen (w), zwei schwarzen (s) und fünf blauen (b) Kugeln

a) Beim dreimaligen **Ziehen mit Zurücklegen** ändert sich die Wahrscheinlichkeit für das Ziehen einer Kugel mit einer bestimmten Farbe **nicht**.

$$P(w) = \frac{3}{10} = 0{,}3;\quad P(s) = \frac{2}{10} = 0{,}2;\quad P(b) = \frac{5}{10} = 0{,}5$$

Somit ist:

P(A) = P(„Es werden drei gleichfarbige Kugeln gezogen.“)

$= P(www;\ sss;\ bbb)$

$= 0{,}3^3 + 0{,}2^3 + 0{,}5^3$

$\underline{\underline{= 0{,}16}}$

P(B) = P(„Alle drei Kugeln haben verschiedene Farben.“)

$= P(wsb;\ wbs;\ swb;\ sbw;\ bws;\ bsw)$

$= 6 \cdot 0{,}3 \cdot 0{,}2 \cdot 0{,}5$

$\underline{\underline{= 0{,}18}}$

$$\begin{aligned} P(C) &= P(\text{„Es wird mindestens eine weiße Kugel gezogen.“}) \\ &= 1 - P(\overline{C}) \\ &= 1 - P(\text{„Es wird keine weiße Kugel gezogen.“}) \\ &= 1 - P(\overline{w}\overline{w}\overline{w}) \\ &= 1 - 0{,}7^3 \\ &= \underline{\underline{0{,}657}} \end{aligned}$$

Bei dieser Lösung wurden die Wahrscheinlichkeiten durch inhaltliche Überlegungen berechnet. Selbstverständlich können diese auch durch Zeichnen eines Baumdiagramms und Anwendung der Pfadregeln bestimmt werden.

b) Beim Ziehungsvorgang **ohne Zurücklegen** ändern sich die Wahrscheinlichkeiten für das Ziehen einer Kugel einer bestimmten Farbe. Das folgende Baumdiagramm macht dies deutlich.

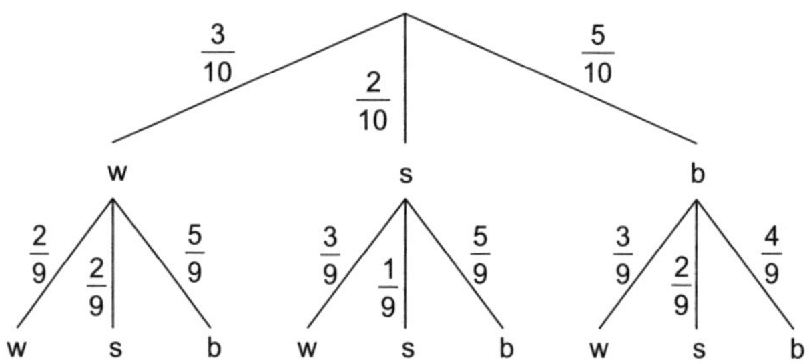

P(„Es werden zwei gleichfarbige Kugeln gezogen.“)

$= P(ww;\ ss;\ bb)$

$= \frac{3}{10} \cdot \frac{2}{9} + \frac{2}{10} \cdot \frac{1}{9} + \frac{5}{10} \cdot \frac{4}{9}$

$= \frac{28}{90}$

$= \frac{14}{45}$

$\approx \underline{\underline{0{,}311}}$

Wahlaufgabe A2

1. Gegeben: $f(x) = x^2 + x - 6$

$g(x) = -x^2 + 4$

$h(x) = \sqrt{x}$

$k(x) = x^2$

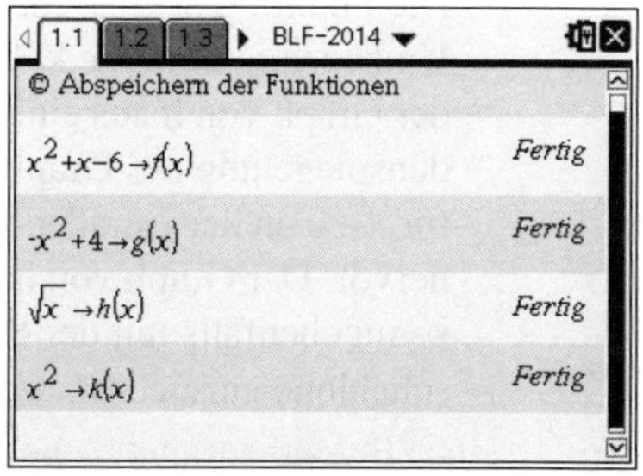

a) Das Skizzieren der Graphen von f, g, h und k sollte ohne große Probleme mittels Einsatz eines CAS bzw. durch inhaltliche Überlegungen geschehen. Diese inhaltlichen Überlegungen beinhalten auch die Beschreibung, wie die Graphen von f, g und h aus dem Graphen von k hervorgehen.

- Graph der Funktion $k(x) = x^2$
  Hier handelt es sich um die Normalparabel $y = x^2$, die mittels Kurvenschablone einfach zu zeichnen ist.

- Graph der Funktion $g(x) = -x^2 + 4$
  Der Graph der Funktion g geht durch Spiegelung des Graphen von k an der x-Achse und Verschiebung um 4 Einheiten nach oben entlang der y-Achse hervor.
  Ihr Scheitelpunkt liegt bei $S(0\,|\,4)$ und ist ebenfalls mittels Kurvenschablone als nach unten geöffnete Parabel zu zeichnen.

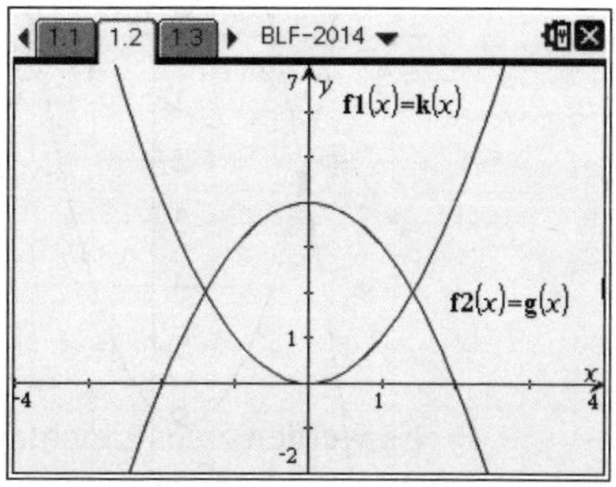

- Graph der Funktion $f(x) = x^2 + x - 6$
  Formt man diese Funktion f in die Scheitelpunktform um, so erhält man $f(x) = (x + 0{,}5)^2 - 6{,}25$. Der Scheitelpunkt von f liegt bei $S(-0{,}5\,|\,-6{,}25)$. Damit erkennt man, dass man den Graphen von k um 0,5 Einheiten auf der x-Achse nach links und um 6,25 Einheiten auf der y-Achse nach unten verschieben muss. Der Graph von f kann ebenfalls mit der Kurvenschablone gezeichnet werden.

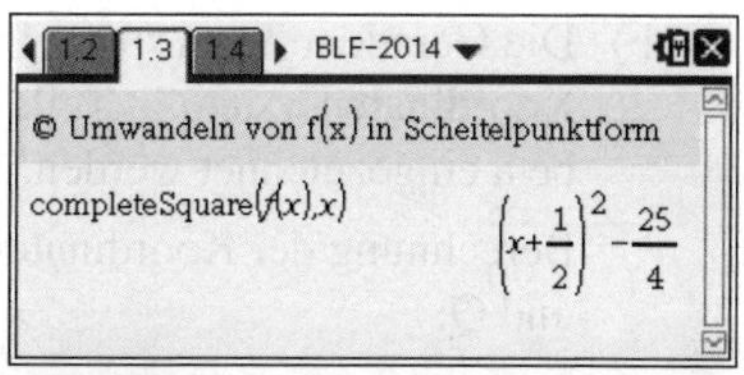

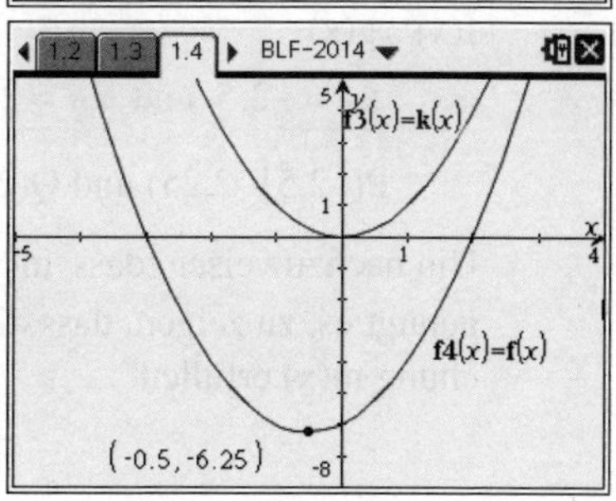

- Graph der Funktion $h(x)=\sqrt{x}$
Die Funktion h(x) ist für $x \geq 0$ die Umkehrfunktion von k. Somit geht der Graph von h aus einer Geradenspiegelung des Graphen von k für $x \geq 0$ an der Geraden $y = x$ hervor. Der Graph von h kann somit ebenfalls mit der Kurvenschablone gezeichnet werden.

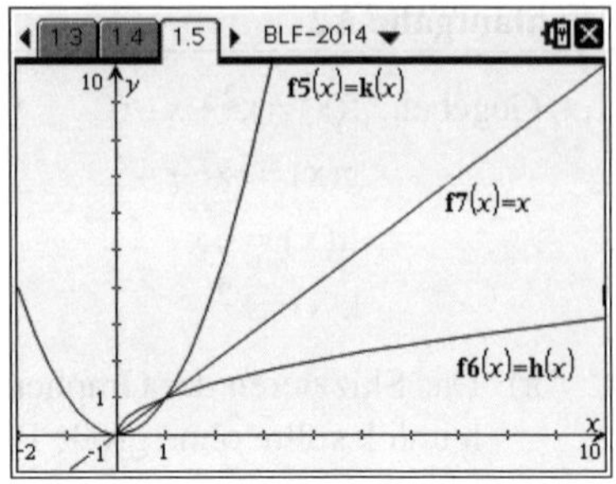

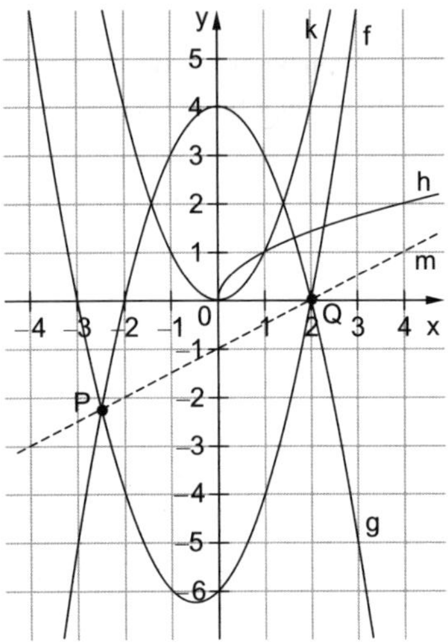

b) Die Gerade m kann sofort in das Koordinatensystem in Teilaufgabe a eingezeichnet werden.

Berechnung der Koordinaten von P und Q:

$f(x)=g(x)$

$\Rightarrow \quad \underline{x_1=-2{,}5}$ und $\underline{x_2=2}$

P(–2,5 | –2,25) und Q(2 | 0)

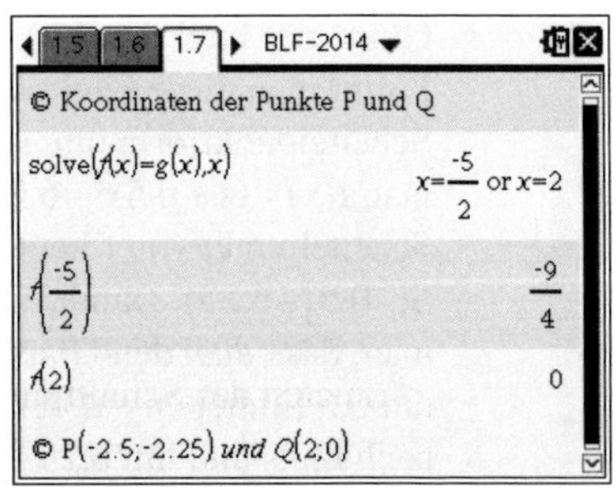

Um nachzuweisen, dass $m(x)=\frac{1}{2}x-1$ eine Funktionsgleichung von m ist, genügt es, zu zeigen, dass die Koordinaten der Punkte P und Q die Gleichung m(x) erfüllen.

Punkt P:

$$m(-2,5) = \frac{1}{2} \cdot \left(-\frac{5}{2}\right) - 1$$

$$= -\frac{9}{4} = -2,25 \;\Rightarrow\; P \in m$$

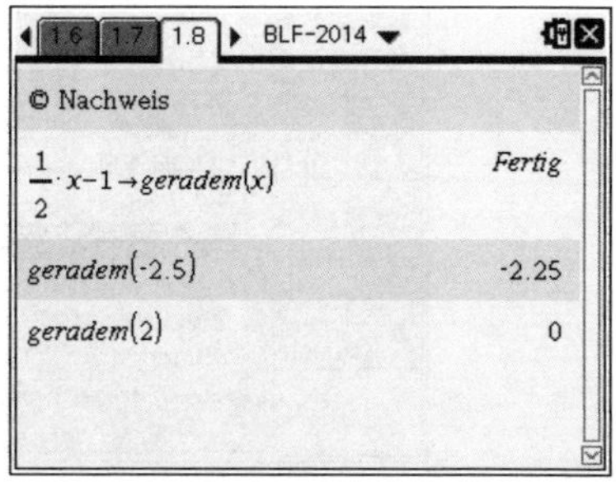

Punkt Q:

$$m(2) = \frac{1}{2} \cdot 2 - 1$$

$$\underline{= 0} \qquad \Rightarrow\; Q \in m$$

Selbstverständlich kann man auch die Gleichung einer linearen Funktion aufstellen, die durch P und Q verläuft. Als Ergebnis erhält man dann die Gleichung für m(x).

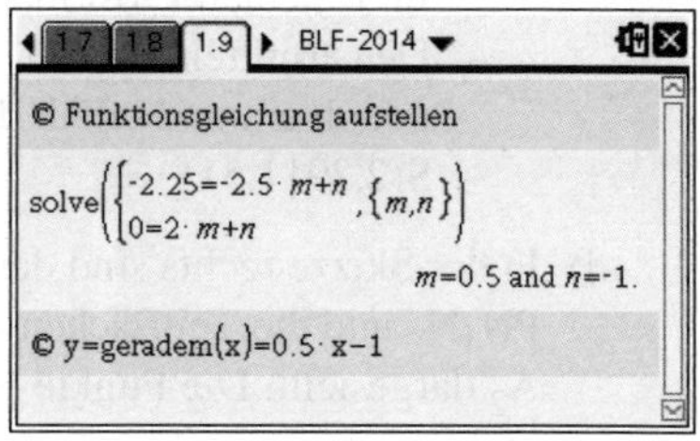

Aufstellen der Geradengleichung von s:
$s\colon y = m \cdot x + n$

Da s senkrecht auf m steht, ist der Anstieg von s wegen $m_m \cdot m_s = -1$ gleich –2. Nach Einsetzen von R(1 | 4) erhält man:

$$4 = -2 \cdot 1 + n \;\Rightarrow\; n = 6$$

Also:

$$\underline{\underline{s\colon y = -2x + 6}}$$

c) Ermittlung des Schnittpunktes der Graphen von f und h mit einem CAS

1. Möglichkeit: grafisch
   - Darstellung der Graphen von f und h im Grafikmenü.
   - Im Grafikmenü kann man unter „Graph analysieren“ die Koordinaten des Schnittpunktes innerhalb des Intervalls näherungsweise ermitteln.
   - S(2,29 | 1,51)

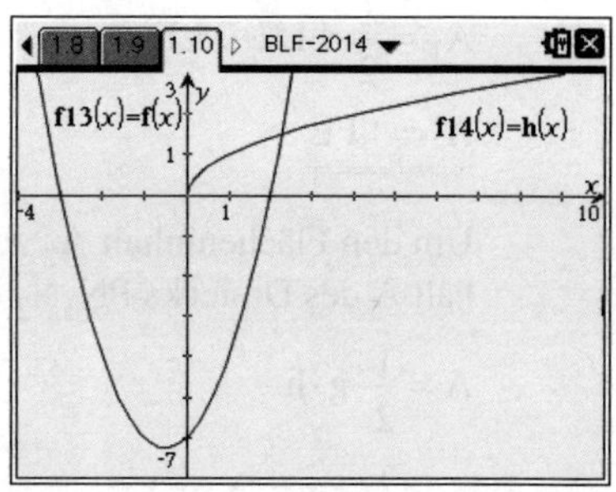

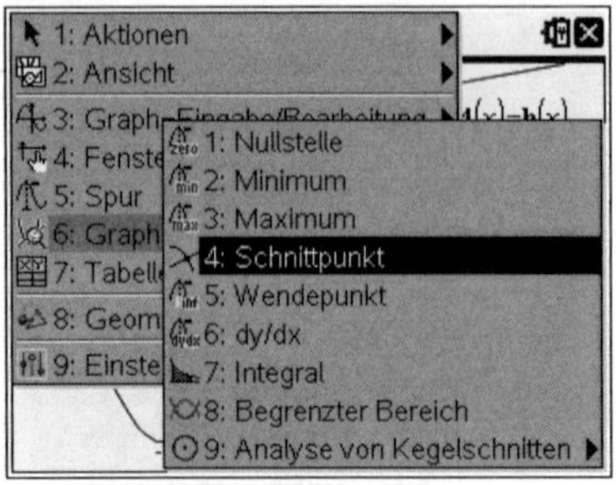

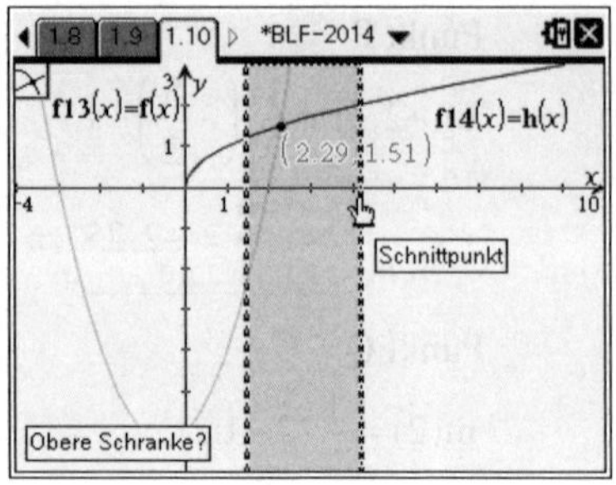

2. Möglichkeit: rechnerisch
   - Im Calculator löst man die Gleichung f(x) = h(x) nach x.
   - Den ermittelten Wert von x setzt man in die Funktionsgleichung von f oder h ein und erhält damit die y-Koordinate des Scheitelpunktes S.
   - $S(2{,}29 \mid 1{,}51)$

d) In der Skizze rechts sind das Dreieck PN_1N_2 und die Teilflächen A_1 und A_2 dargestellt. Die Punkte N_1, N_2, P und S_y haben die Koordinaten:

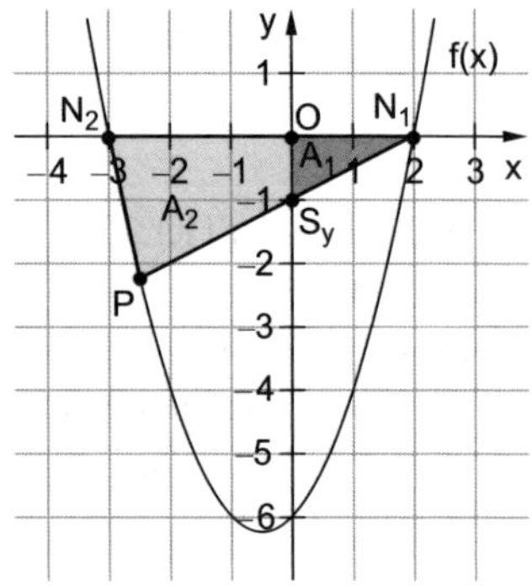

$N_1(2 \mid 0)$

$N_2(-3 \mid 0)$

$P(-2{,}5 \mid -2{,}25)$

$S_y(0 \mid -1)$

Flächeninhalt A_1 des rechtwinkligen Dreiecks S_yN_1O:

$$A_1 = \frac{1}{2} \cdot \overline{OS_y} \cdot \overline{ON_1}$$

$$A_1 = \frac{1}{2} \cdot 1\text{ LE} \cdot 2\text{ LE}$$

$$\underline{\underline{A_1 = 1\text{ FE}}}$$

Um den Flächeninhalt A_2 zu berechnen, subtrahiert man vom Flächeninhalt A des Dreiecks PN_1N_2 den Flächeninhalt der Teilfläche A_1.

$$A = \frac{1}{2} \cdot g \cdot h$$

g ... Seitenlänge N_1N_2

h ... Betrag der y-Koordinate des Punktes P

$$A = \frac{1}{2} \cdot 5\text{ LE} \cdot 2{,}25\text{ LE}$$

$$\underline{A = 5{,}625\text{ FE}}$$

$A_2 = A - A_1$

$A_2 = 5{,}625\ \text{FE} - 1\ \text{FE}$

$\underline{\underline{A_2 = 4{,}625\ \text{FE}}}$

Verhältnis der Flächeninhalte der Teilflächen:

$$\frac{A_1}{A_2} = \frac{1}{4{,}625} = \frac{1}{\frac{37}{8}} = \frac{8}{37}$$

2. Mädchen M: Anna, Betty, Christina
   Jungen J: Daniel, Emil

   a) Die Auslosung der 3 Reiseteilnehmer kann durch einen 3-maligen Ziehungsvorgang ohne Zurücklegen dargestellt werden (siehe Baumdiagramm):

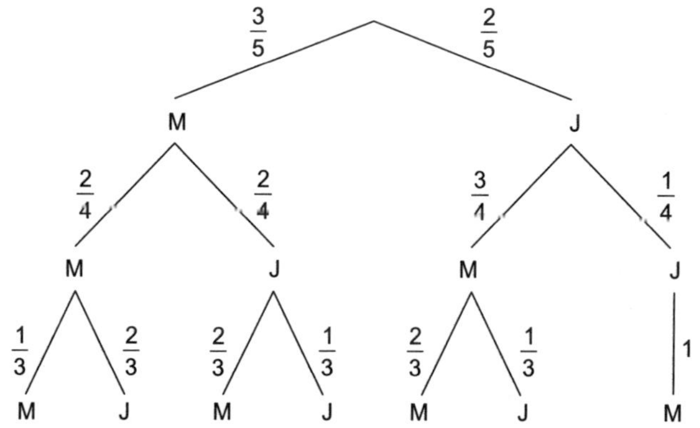

   P(„Ein Junge und zwei Mädchen nehmen an der Reise teil.")
   = P(MMJ; MJM; JMM)

   $$= \frac{3}{5} \cdot \frac{2}{4} \cdot \frac{2}{3} + \frac{3}{5} \cdot \frac{2}{4} \cdot \frac{2}{3} + \frac{2}{5} \cdot \frac{3}{4} \cdot \frac{2}{3}$$

   $$\underline{\underline{= \frac{3}{5}}}$$

   b) P(A) = P(„Die Reisegruppe besteht nur aus Mädchen.")
   = P(MMM)

   $$= \frac{3}{5} \cdot \frac{2}{4} \cdot \frac{1}{3}$$

   $$\underline{\underline{= \frac{1}{10}}}$$

$P(B) = P(\text{„In der Reisegruppe ist mindestens ein Mädchen.“})$
$= \underline{\underline{1}}$

Bemerkung: Bei B handelt es sich um ein sicheres Ereignis, da sich nur 2 Jungen am Gewinnspiel beteiligen und 3 Personen an der Reise teilnehmen.

$$P(C) = P(\text{„Es sind genau zwei Jungen in der Reisegruppe.“})$$
$$= P(MJJ;\ JMJ;\ JJM)$$
$$= \frac{3}{5} \cdot \frac{2}{4} \cdot \frac{1}{3} + \frac{2}{5} \cdot \frac{3}{4} \cdot \frac{1}{3} + \frac{2}{5} \cdot \frac{1}{4} \cdot 1$$
$$= \underline{\underline{\frac{3}{10}}}$$

(Bitte blättern Sie um)